基于眼动、脑电技术的
手机新闻APP用户体验研究

王雪霜 ——— 著

辽宁人民出版社

图书在版编目（CIP）数据

基于眼动、脑电技术的手机新闻APP用户体验研究 /
王雪霜著. -- 沈阳：辽宁人民出版社，2025. 4.
ISBN 978-7-205-11320-9

Ⅰ. TN929.53

中国国家版本馆CIP数据核字第2024A6M174号

出版发行：辽宁人民出版社
　　　　　地址：沈阳市和平区十一纬路25号　邮编：110003
　　　　　电话：024-23284325（邮　购）　024-23284300（发行部）
　　　　　http://www.lnpph.com.cn
印　　　刷：辽宁新华印务有限公司
幅面尺寸：170mm×240mm
印　　张：10.5
字　　数：140千字
出版时间：2025年4月第1版
印刷时间：2025年4月第1次印刷
责任编辑：董　喃
装帧设计：留白文化
责任校对：吴艳杰
书　　号：ISBN 978-7-205-11320-9

定　　价：68.00元

前　言

　　移动互联网的飞速发展以及智能手机的迅速普及，使得手机 APP 的使用逐渐成为人们生活中必不可少的一部分。目前，移动应用市场上同类的手机 APP 数不胜数，由于卸载成本较低，用户对某一 APP 的使用可能会替代同类的应用程序，而这其中影响用户使用行为的关键因素除了用户的个人偏好之外，最重要的一点就是手机 APP 用户体验水平的优劣。用户体验的好坏可以影响用户的情感、满意度以及持续使用行为等，设计良好的手机 APP 可以让用户沉浸感更强，提高其对该 APP 的依存度和忠诚度。因此，手机 APP 开发企业应该坚持以用户为中心原则进行 APP 设计，从整体上提升用户体验水平。目前，用户体验已经得到了学术界和企业界的广泛关注，部分学者针对手机 APP 的用户体验展开了相关研究，这些研究主要以用户体验为基础从主观评价角度研究手机 APP 的界面设计及交互设计问题，但是从用户认知角度针对手机 APP 用户体验进行的研究较少，而准确了解用户在使用手机 APP 过程中的生理、心理及行为特点是发现用户体验设计问题及提升用户体验水平的关键。因此，有必要开展相关研究，以期根据用户认知特性和行为特征设计出更符合用户需求的产品，达到提升用户体验、增加客户黏性、提高市场竞争力的目的。

　　本书以手机新闻 APP 为研究对象，从用户认知角度对用户体验的不同阶段进行用户心理、生理以及行为特点的研究，主要完成了以下几个方面的工作：

1. 感官体验阶段用户的视觉认知特性分析。借助眼动追踪技术分别对手机新闻 APP 界面的视觉浏览特性和视觉搜索特性进行分析，研究发现，在视觉浏览任务中，上文本—下图片界面表现出更多的注视次数、更长的浏览时间、更大的注视时间比率和驻留时间比率，且对白色界面中的新闻文本和图片的首次注视持续时间更长、注视时间比率和驻留时间比率更大；在视觉搜索任务中，对黑色关键词界面的注视次数更多、注视时间比率和驻留时间比率更大，且左文本—右图片布局方式的界面和红色关键词搜索界面的搜索时间最短、搜索效率最高。

2. 感官体验阶段用户的脑认知特性分析。采用事件相关电位技术，研究用户对手机新闻 APP 首页界面的无意识评价过程。研究结果表明，在 80—120ms 时间窗的 P1 波、120—180ms 时间窗的 N1 波和 160—220ms 时间窗的 N2 波可以用来反映用户对手机新闻 APP 首页界面不同布局水平的自动评价过程，但是在没有任何明确指令的情况下，会忽略界面的颜色特征差异。

3. 交互体验阶段用户的视觉认知特性分析。这一阶段主要对用户在不同界面交互操作过程的眼动数据进行分析，结果发现，与用户体验低的手机新闻 APP 相比，用户体验高的手机新闻 APP 的首页界面表现出更少的注视次数、更短的注视时间、更小的注视时间比率和驻留时间比率；新闻详情页界面表现出更短的平均注视持续时间；新闻分享页界面表现出更多的注视次数、更长的注视时间、更大的注视时间比率和驻留时间比率。

4. 交互体验阶段用户的脑认知特性分析。利用脑电 EEG 对用户与手机新闻 APP 的交互操作过程进行脑认知特性分析，结果表明，与用户体验低的手机新闻 APP 相比，用户体验高的手机新闻 APP 的 Alpha 波相对能量值、Delta 波相对能量值、Theta 波相对能量值更大，Beta 波相对能量值更小。

5. 用户的持续使用意愿影响因素研究。基于 SOR 理论、技术接受模型和期望确认模型，构建了手机新闻 APP 的用户持续使用意愿理论模型，并采用结构方程模型方法对提出的假设进行验证。研究发现，界面的美学形式设计对美学吸引力设计存在正向影响；感知交互性对感知可用性存在正向影响；用户体验的感官体验对交互体验和用户持续使用意愿存在正向影响；交互体验对用户情感和满意度存在正向影响，并能够进一步影响用户对手机新闻APP的持续使用行为。

本书在撰写过程中，得到了本领域诸多学者、专家的帮助与指导，使得本书涉及的研究工作能够顺利开展并顺利完成，在此一并感谢！同时，本书涉及的相关研究工作也得到了辽宁省社会科学规划基金项目（L21CXW008）的资助。

作 者

2024 年 3 月于沈阳

目　录

第一章 绪论

一、研究背景

（一）移动互联网的迅猛发展

随着互联网技术的日益完善和智能手机的广泛普及,移动互联网应运而生,并以令人瞩目的速度蓬勃成长。移动互联网是移动通信技术与互联网技术的结合体,它使互联网技术得以在移动终端上应用,让用户能够利用移动设备随时随地连接网络、获取信息。2013 年,麦肯锡公司发表的一份关于技术对未来经济影响的研究报告强调,移动互联网在 12 项有望重塑生活、商业及全球经济格局的革命性技术中名列榜首。此外,移动互联网的兴起进一步促进了"万物互联"的实现,这表明移动互联网在当今社会的发展与进步中扮演着至关重要的角色。

从最初的 2G 网络、3G 网络到现在的 4G 网络,再到刚刚入市的 5G 网络,这一代人见证了移动互联网的迅猛发展。5G 是指第五代移动通信技术,其网络传输速率达 1Gbps 以上,远大于 4G 网络的 75Mbps 速率。与 4G 网络相比,5G 网络的通信速率更快、无线信号覆盖范围更广、容量更大、衔接更广、响应时间更快，且更加注重用户体验[1]。5G 网络以让用户始终处于联网状态为目标，其发展与应用必然会给各行各业带来巨大的改变，尤其是手机通信行业。

根据 2025 年 1 月中国互联网络信息中心第 55 次《中国互联网络发展状况统计报告》的相关数据显示，截至 2024 年 12 月，我国网民规模达 11.08 亿人，其中手机网民规模达到 11.05 亿人，占总网民比高达 99.7%[2]。智能手机的广泛普及与移动互联网的快速发展共同催生了各式各样的手机应用程序（APP），这些 APP 迎合了用户多元化的需求，涵盖了社交、娱乐、购物、新闻、餐饮预订等多个领域，几乎渗透到了人们工作、学习及日常生活的每一个角落。当下，大多数人认为智能手机已成为他们生活中不可或缺的一部分，更有甚者患上了"无手机恐惧症"（Nomophobia），也就是他们必须在确认手机触手可及的情况下才能安心地进行工作或学习，一旦手机不在身旁，便会感到不安与不适，做任何事情前都要先找到手机才行。由此可见，智能手机与移动互联网正逐步或已经彻底转变了人们的生活、工作以及学习习惯。

（二）用户体验相关研究日益受到关注

20 世纪 90 年代中期，美国认知心理学家唐纳德·诺曼首次提出用户体验一词，并得到了广泛的认可，诺曼指出成功的用户体验必须首先做到在不打扰、用户不厌烦的情况之下满足用户的需求；其次，所提供的产品需简洁，保证用户使用过程的愉悦性；最后要给用户带来意外惊喜，并从认知心理学角度将用户体验划分为本能层用户体验、行为层用户体验和反思层用户体验三个层次[3]。之后国内外专家、学者开始针对用户体验陆续展开相关研究，主要涉及实体产品、设计、艺术、人机交互、市场营销等多个领域。另外，约瑟夫的《体验经济》一书也表明，未来的产品设计将是以用户为中心的设计，用户的关注点也将由产品转移到体验，单纯的功能性产品已满足不了用户的多样化需求，用户倾向于从产品的体验中获得愉悦感、满足感和自我价值的实现。

此外，随着经济与社会的飞速进步，将用户体验置于首位已成为移动互联网领域的一个核心特征。在当前的移动互联网时代，深入理解并满足消费者需求成为企业在激烈商战中脱颖而出的关键。衡量移动互联网产品成功与否的标尺中，用户体验同样占据了一席之地。鉴于"以用户为中心"原则的关键作用，众多知名企业如惠普、网易、腾讯、搜狐、百度、新浪、阿里巴巴及联想等，均设立了用户体验部门，以"用户至上"为核心理念，致力于不断优化产品的用户体验，旨在吸引更多用户并全面增强企业产品的市场竞争力。

（三）手机新闻 APP 用户体验研究的必要性

近年来，移动新闻客户端已经成为移动新闻消费的主流媒体，它可以在一定程度上满足用户随时随地获取新闻资讯的碎片化需求。根据中国互联网络信息中心（CNNIC）的报告，截至 2024 年 12 月，我国网络新闻用户规模约为 8.11 亿[2]。另外，根据比达咨询 2018 年度中国移动资讯分发平台市场研究报告可知，2018 年移动资讯人均使用时长约为 76.8 分钟[4]。由此可见，手机新闻 APP 拥有着相当庞大的用户群体和巨大的发展潜力。庞大的用户群体是各行业能够保持长期持续发展的关键因素，而如何从众多同类的移动应用程序中脱颖而出，是手机新闻 APP 开发商亟待解决的关键问题。

通过对移动应用市场中新闻类手机 APP 的对比分析显示，当前新闻 APP 普遍面临内容雷同、信息泛滥及用户体验欠佳等问题。用户对手机应用程序的使用可以看作是一种"零和博弈"，即用户每天的时间和精力是固定的，使用某一 APP 可能会逐渐排挤掉其他功能相似的 APP。鉴于卸载操作的简便性，用户可能随时舍弃那些可替代的 APP，而决定用户倾向于使用某一移动 APP 的关键因素之一就是其用户体验。设计出色的新闻 APP 能够增加用户的沉浸感，无论是专注于当前阅读的新闻还是渴望探索更多新闻资讯。新闻 APP 提供商需持续致力于优化与提升用户体验，以维持用户的长期活跃度和忠诚度。因此，对新闻类手机 APP 的用户体验进行深入探究显得尤为必要。

二、问题提出

唐纳德·诺曼将用户体验分为三个水平，即本能水平、行为水平和反思水平的用户体验，其中本能水平的用户体验主要关注的是产品外形；行为水平的用户体验，主要关注的是产品的实际操作；反思水平的用户体验，主要关注的是印象[3]。已有研究表明，手机新闻 APP 用户体验包括用户使用前、使用中和使用后三个方面，具体包括使用前 APP 的界面设计等感官体验，使用中 APP 的资讯内容、辅助功能等可用性体验，使用后用户对其产生的情感体验[5]。目前，对于手机 APP 用户体验的研究缺乏系统的、定量的研究方法，尤其缺少用户认知特性和行为特点的详细分析。为提高手机新闻 APP 用户体验水平，首先需要充分了解用户使用手机新闻 APP 过程中的生理变化、心理感受及行为特点，然后根据用户的心理、生理及其使用行为，为用户体验水平的提升提供参考和指导。基于此，本书提出以下三个研究问题。

（一）需要研究手机新闻 APP 感官体验阶段用户的认知特性

随着移动互联网的迅猛发展，人们获取新闻资讯的方式已经从传统的报纸、电视、电脑逐步转移到智能手机应用程序上面。目前，智能手机已成为当代社会日常生活的重要组成部分[6]，通过移动互联网及手机新闻 APP，用户可以随时随地轻松获取新闻资讯。另外，在现代社会中，海量信息充斥着人们的生活，人们很少花费整块时间进行新闻阅读，手机新闻 APP 恰好满足了用户零散的碎片化阅读需求。

移动用户界面是连接用户和设计师的桥梁，它凭借小屏幕和随时随地快速获取信息的特点正在逐步改变人们的阅读习惯和行为方式。通常，精心设计的移动用户界面可以帮助用户有效地与应用程序进行交互并达到增强用户体验的效果[7]，而设计糟糕的界面可能会引起用户的困惑和误解[8]。设计美学和可用性评价中的光环效应可以解释为产品（或界面）的特定显著特征会掩盖对其他不太显著特征的感知[9]，与光环效应相反的恶魔效应是指，对某人或某事进行评价时，往往会因为对某一特征的厌恶而衍生对整个人或事的否定态度。对于移动用户界面来说，光环效应可以解释为设计良好的移动界面往往会引发用户的积极评价，恶魔效应则可以理解为设计糟糕的移动界面往往会诱发用户的消极评价。通常第一印象对于吸引用户的兴趣至关重要[10]，根据"验证性偏见"，决策者总是专门搜索确认证据以证实自己已经做出的判断，而忽略了与其判断相互矛盾的证据[11]。也就是说，如果用户对呈现的手机新闻APP形成了良好的第一印象，他们可能会忽略后续交互过程中遇到的某些问题；相反，用户在对其没有形成良好的第一印象的情况下，即使手机新闻APP的交互操作表现良好，用户也不易接受该手机新闻APP的正面信息。Kim和Fesenmaier（2008）的研究也表明，用户的第一印象是与产品交互前的感官体验，对用户的感知和后续体验的评价具有长期、显著的影响[12]。

一般来说，用户在未与产品交互之前的感官体验阶段，对移动界面的第一印象主要来自于界面中视觉信息的刺激。对于手机新闻APP感官体验阶段来说，用户对其第一印象的形成主要源自首页界面的色彩、布局、文字等视觉要素。通常，用户对视觉刺激的认知加工可以通过其眼动行为和大脑认知神经活动进行反应，而了解用户在首次接触某一界面时的视觉认知特性和脑认知特性有助于帮助界面开发设计人员设计出更符合用户视觉浏览习惯和使用行为的界面。因此，了解用户的视觉认知和脑认知特征对于设计人员开发更具吸引力、可用性更好的移动应用程序至关重要。

（二）需要研究手机新闻APP交互体验阶段用户的认知特性

交互体验紧随用户的感官体验之后，是在用户与产品进行实际互动操作中形成的一系列内心感受，这一阶段既涵盖了用户对界面视觉元素的直观感受，也涉及用户与产品之间的交互操作行为。良好的体验应当源自对用户需求的深刻理解，并且能够在此基础上适度超越，为用户带来出乎意料的愉悦。针对手机新闻APP而言，交互体验阶段指的是在用户对该APP初步印象形成之后，通过深入与其互动而产生的所有内心体验。在交互体验中，若应用程序出现卡顿、刷新缓慢等问题，可能会极大地破坏用户的使用情绪，引发其不满，甚至导致卸载应用的结果。用户与产品的交互过程往往是复杂的、动态的、连续的，深入理解用户在交互过程中的生理反应、心理感受以及行为特征，并依据用户的认知特点进行交互设计，可以显著提升用户体验水平。

现有的研究成果主要依赖于交互体验结束后的主观问卷调查，缺少在交互体验过程中对用户生理信息变化的实时追踪，特别是对用户这一阶段认知特性的深入分析。为了设计出用户体验水平更高的产品，深入洞察用户的认知特性显得尤为重要。探究手机新闻 APP 交互体验阶段用户的视觉认知与脑认知特性，旨在更全面地理解用户的生理与心理行为模式，进而从用户认知的角度出发，优化交互体验设计，确保 APP 更加贴合用户的生理特征、心理倾向及行为特性。鉴于此，本书聚焦于交互体验阶段用户的视觉认知特性与脑认知特性研究，并采用眼动追踪技术和脑电技术，在不干扰用户的前提下，实时捕捉用户在交互过程中视觉与神经活动的变化。

（三）需要研究手机新闻 APP 持续使用意愿影响因素的概念模型

在感官体验和交互体验之后，用户已经对该产品的外观设计和交互操作方式有了初步的认识，此时产品已在用户心中形成了特定的印象，这一印象的好坏会在一定程度上能够影响用户继续使用该产品的意愿。掌握用户的持续使用意愿，有助于企业深入分析用户行为，并依据这些行为特征来优化产品设计。研究手机新闻 APP 的持续使用意愿，旨在揭示影响用户使用决策的因素，并从诸多因素中甄别出核心要素，以便从根本上加以改进和优化，最终达到提升用户体验质量的目的。

研究手机新闻 APP 持续使用意愿影响因素的核心宗旨在于全面提升用户的整体体验质量。本书着重探讨感官体验与交互体验对用户持续使用习惯的作用，并深入剖析各影响因素之间的内在联系。通过细致分析手机新闻 APP 持续使用意愿的驱动因素，本书旨在识别出在用户体验的两个关键阶段（即感官体验阶段与交互体验阶段）中对用户行为具有决定性影响的关键要素，并构建手机新闻 APP 用户持续使用意愿影响因素的模型框架。

三、研究对象的范围界定、研究目标和研究意义

（一）研究对象的范围界定

研究对象的范围界定基于以下几点考虑：

第一，选择手机新闻 APP。Quest Mobile 移动大数据研究院发布的《2023 中国移动互联网年度大报告》指出，截至 2023 年 12 月，中国移动互联网用户月人均使用市场高达 165.9 小时[13]。目前，手机新闻 APP 正在成为用户获取新闻和信息的重要途径，它具有方便、高效的特点，可以满足用户的碎片化阅读需求，同时也存在着海量信息过载、内容同质化、界面杂乱、可用性差等问题，因此考虑对手机新闻 APP 用户体验进行研究。

第二，感官体验阶段选择手机新闻 APP 首页界面，交互体验阶段选择手机新闻 APP 首页界面、详情页界面和分享页界面。信息爆炸使深度阅读变得越来越困难，根据中国互联网络信息中心（CNNIC）2016 年关于中国互联网新闻市场研究报告的相关数据显示，近三分之一的移动新闻用户表示他们只浏览移动新闻 APP 的首页界面和新闻标题[14]。视觉工效学表明，用户对产品的第一印象和情感偏好受产品外观的强烈影响，对于移动新闻应用，首页界面是用户打开新闻 APP 最先接收到的视觉信息，良好的首页界面可以快速吸引用户的注意力，并进一步影响用户的愉悦度、满意度及持续使用意愿。优秀的新闻 APP 界面设计能够为用户留下良好的第一印象，在用户只看首屏时就能吸引用户，从而引发用户的进一步使用意愿，继而提高用户忠诚度。鉴于此，在感官体验阶段选择手机新闻 APP 的首页界面开展研究。另外，对于交互体验阶段来说，本书主要分析用户在手机新闻 APP 交互操作过程中完成首页界面浏览、新闻阅读以及新闻分享整个过程中用户的视觉认知特性和脑认知特性，因此考虑在交互体验阶段选择首页界面、新闻详情页界面和新闻分享页界面开

展研究。

第三，实验被试选择在校大学生。根据中国互联网络信息中心（CNNIC）2016 年关于中国互联网新闻市场研究报告的相关数据显示，从年龄结构方面来看，34 岁以下的新闻资讯网民占比高达 63.9%，且从学历结构方面来看，新闻资讯网民中拥有大专、本科、硕士及以上学历的网民占比达 59.4%[14]。鉴于此，选择 34 周岁以下的在校大学生作为实验被试。

第四，从用户认知特性和行为角度研究手机新闻 APP 用户体验。用户体验的核心聚焦于用户本身，深入理解用户的生理、心理及行为特征构成了用户体验研究的基石，因此，在用户体验的各个阶段研究的关键在于有效捕捉用户的感性信息。科技进步日新月异，诸如眼动追踪技术、脑电技术、生理测量技术等新兴手段为用户体验研究开辟了新途径，这些技术能够揭示用户在视觉信息处理及大脑认知过程中的特性，进而通过合理的视觉界面与交互设计，减轻用户的认知负荷，提升认知效率。在当今这个信息洪流的时代，这些技术助力企业在避免用户视觉疲劳的同时，最大化地向用户展示信息内容。

（二）研究目标

在用户导向的理念下，鉴于手机新闻 APP 界面视觉与交互设计的关键作用，本书从用户体验的视角出发，深入探讨用户与手机新闻 APP 交互过程中的感知、认知与评价等阶段的心理反应、生理反应及神经活动及其影响机制。据此，本书明确了以下具体研究目标：探究手机新闻 APP 在感官体验阶段中用户的视觉与大脑认知特性；分析手机新闻 APP 在交互体验阶段中用户的视觉与大脑认知特性；考察影响用户持续使用手机新闻 APP 意愿的因素。通过这些研究目标，旨在为手机 APP 的界面与交互设计提供科学依据与实践指导，并能够从用户的生理特征、心理倾向及行为模式等方面，为个性化推荐服务提供数据支撑与方法论指导。

（三）研究意义

本书采用眼动追踪技术、脑电技术对手机新闻 APP 的用户体验进行研究，为手机 APP 用户体验研究提供了更广阔的思路。研究成果不仅能够揭示移动互联网时代用户的视觉加工特性和脑认知特性，也能够为手机 APP 用户界面视觉设计、人机交互设计提供新的研究视角，利用刺激机体反应（SOR）理论和技术接受模型进行手机新闻 APP 持续使用意愿影响因素的研究，进一步拓展了其应用范畴。

在实践中，本研究成果能够为手机新闻 APP 的界面视觉及交互设计提供设计参考和指导，同时也为其他类型的手机 APP 界面优化设计及开发设计提供借鉴与启示，特别是在手机 APP 原型设计初期，根据本书提供的研究思路与方法，可以对不同原型设计方案进行优劣评估，从而挑选用户体验效果更佳的手机 APP，达到降低投入风险、增强用户黏性、提高市场竞争力的目的。另外，在大数据与用户个性化需求日益凸显的现代，本书收集的用户生理、心理及行为数据能够为用户个性化推荐系统提供坚实基础，有助于更精准地把握用户需求，确保用户的高满意度与持续忠诚度。

四、研究内容、研究思路与研究方法

根据上述的研究问题，提出本书的研究内容、研究思路与研究方法。

（一）研究内容

本书将手机新闻 APP 用户体验划分为感官体验和交互体验两个阶段。在感官体验阶段，用户主要接触到的是手机新闻 APP 首页界面的视觉元素，这一阶段的研究重点在于探讨用户对首页界面的视觉及大脑认知特性；而交互体验阶段则聚焦于手机新闻 APP 的操作流畅性和功能性，该阶段致力于探究用户在进行实际交互操作时的体验，深入理解此过程中用户的视觉与脑认知特性。

此外，本书还关注用户在感官与交互体验之后所形成的对手机新闻 APP 的整体印象，以及这一印象如何影响用户的后续使用行为，即用户的持续使用意愿。具体的研究内容如下：

1.手机新闻 APP 感官体验阶段用户的视觉认知特性分析

针对这一研究内容，开展具体工作如下：①通过对手机应用市场现有手机新闻 APP 界面设计进行对比分析，确定设计要素及其水平，设计手机新闻 APP 首页界面及搜索界面原型作为眼动实验材料；②眼动实验设计包括视觉浏览和视觉搜索两个实验任务，分别记录被试在手机新闻 APP 首页界面完成视觉浏览任务和在搜索界面完成视觉搜索任务中被试的眼动、主观及行为数据；③根据获取的多模态数据，对被试的视觉浏览行为和视觉搜索行为进行分析，从而进一步揭示手机新闻 APP 感官体验阶段用户的视觉认知特性。

2.手机新闻 APP 感官体验阶段用户的脑认知特性分析

针对这一研究内容，具体开展以下工作：①根据目前移动应用市场的手机新闻 APP 首页界面设计形式，识别手机新闻 APP 首页界面关键设计要素及水平，在此基础上进行手机新闻 APP 首页界面原型设计作为脑电实验材料；②设计用户自动评价的脑电实验，实验中记录被试在浏览手机新闻 APP 首页界面时的脑电信号，实验结束后记录被试的主观评价数据；③对脑电数据进行预处理，通过叠加平均技术将与用户评价过程相关的脑电信号进行处理，然后对相应 ERPs 成分进行分析，从神经电生理层面分析脑内时程动态变化，以及大脑的激活部位、激活的时间进程和激活程度，进而揭示手机新闻 APP 感官体验阶段用户对首页界面进行自动评价的脑认知特性。

3.手机新闻 APP 交互体验阶段用户的视觉认知特性和脑认知特性分析

针对这一研究内容，具体开展以下工作：①通过对移动应用市场中现有手机新闻 APP 进行分析，充分了解各手机 APP 的具体功能，选择关键设计要素及其水平，并由此设计两款用户交互体验水平存在显著差异的手机新闻 APP 原型；②设计眼动、脑电 EEG 融合实验，实验中同时记录被试完成实验任务的眼动数据、脑电数据和行为数据，并在实验结束后记录主观评价数据；③在

Begaze 眼动数据分析软件中进行眼动数据处理与分析，使用 Curry 7.0 系列软件和 EEGLAB 工具箱对脑电数据进行处理与分析，从而对用户在不同手机新闻 APP 中的视觉认知特性和脑认知特性进行分析，为从用户视觉注意行为和脑认知方面入手的主设计要素的更好设计提供建议。

4. 手机新闻 APP 用户持续使用意愿影响因素的概念模型构建

这一研究内容旨在探索用户体验的前两个阶段，即感官体验阶段和交互体验阶段，如何影响用户的满意度，以及用户的这些心理变化如何影响其对手机新闻 APP 的持续使用行为。针对这一研究内容，具体开展工作如下：①结合 SOR 理论，建立用户从接收手机新闻 APP 首页界面视觉设计和交互设计信息，到用户对其产生情感偏好，继而产生持续使用意愿这一过程的概念模型，并提出相关假设；②对模型中确定的所有维度的测量题项进行用户调查，并收集用户的测量数据，通过结构方程对概念模型中提出的所有假设进行验证；③据此分析手机新闻 APP 用户持续使用意愿的各影响因素及其相互关系。

（二）研究思路

根据研究目标及研究内容，确定本书的研究思路，如图 1.1 所示，具体阐述如下：

1. 在移动互联网飞速发展的背景下，研究手机新闻 APP 用户体验具有重要的理论意义和现实意义，据此提出本书的研究问题。

2. 根据研究问题，界定本书的研究对象，明确研究目标以及研究意义。

3. 针对手机新闻 APP 用户体验问题进行文献查找、阅读与梳理，分析已有文献的贡献与不足之处，为本书后续工作的展开奠定理论基础。

4. 在进行文献综述的基础上，针对手机新闻 APP 用户体验问题的相关概念、理论与方法进行详细阐述，进一步明确本书的研究框架。

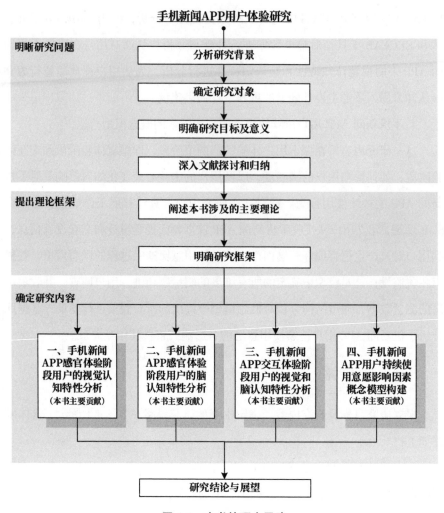

图 1.1　本书的研究思路

5. 确定本书的主要研究内容，即手机新闻 APP 感官体验阶段用户的视觉认知特性分析、手机新闻 APP 感官体验阶段用户的脑认知特性分析、手机新闻 APP 交互体验阶段用户的视觉和脑认知特性分析以及手机新闻 APP 用户持续使用意愿影响因素概念模型构建。

6. 总结本书的主要成果及结论、主要贡献及研究局限，并对未来将要开展的研究工作进行展望。

（三）研究方法

针对以上研究问题，本书拟采取如下的研究方法：

1.文献研究。根据选题内容，收集并分析现有相关文献的研究成果与局限性，充分借鉴他人研究成果，开展本研究工作。

2.实验研究方法。针对手机新闻APP感官体验及交互体验阶段的研究内容，在人因工程实验室开展眼动实验和脑电实验获取用户的眼动、脑电、主观及行为数据用于研究问题分析。

3.统计分析方法。在对眼动、脑电、主观和行为数据进行处理分析时，需要运用统计分析方法，比如重复测量方差分析、单因素方差分析、配对样本T检验和结构方程模型分析等。

4.可视化分析方法。利用Scan软件对脑电信号进行脑地形图的可视化分析及针对眼动数据进行热点图、轨迹图等可视化分析。

5.用户调查方法。主要为焦点小组访谈法和问卷调查法，其中焦点小组访谈法主要用于交互体验阶段手机新闻APP原型设计过程中设计要素的选取，针对感官体验、交互体验及用户持续使用行为中主观数据的收集采用问卷调查方法。

五、本书章节安排

本书由8章构成，具体说明如下：

第一章，绪论。说明本书的研究背景，明确本书的研究目的及研究意义，提出研究问题，确定本书的研究内容、研究思路与采用的方法及章节安排。

第二章，相关研究文献综述。在文献的搜集与整理后进行文献检索情况分析，并针对用户体验研究和手机APP研究的相关文献进行分析与综述，然后总结已有研究的主要贡献和不足之处。

第三章，理论基础。阐述及梳理与本研究相关的理论基础，主要包括手机新闻 APP 的基本概述、用户体验相关理论、视觉认知和神经认知理论等。

第四章，手机新闻 APP 感官体验阶段用户的视觉认知特性分析。设计手机新闻 APP 首页界面视觉浏览与视觉搜索的眼动实验，对获取的相关数据及行为数据进行处理与分析，探讨手机新闻 APP 首页界面的关键设计要素对用户视觉浏览和视觉搜索特性的影响，进而分析感官体验阶段用户的视觉认知特性。

第五章，手机新闻 APP 感官体验阶段用户的脑认知特性分析。设计手机新闻 APP 首页界面自动评价的脑电实验，对获取的相关数据进行处理与分析，探讨手机新闻 APP 首页界面关键设计要素对用户脑认知特性的影响，进而分析感官体验阶段用户的脑认知特性。

第六章，手机新闻 APP 交互体验阶段用户的视觉认知和脑认知特性分析。设计用户与手机新闻 APP 进行交互操作的眼动与脑电 EEG 融合实验，对获取的相关数据进行处理与分析，探讨用户与手机新闻 APP 进行交互时首页界面、新闻详情页界面和新闻分享页界面的视觉认知特性与脑认知特性，为手机 APP 界面的交互设计提供参考与指导。

第七章，手机新闻 APP 用户持续使用意愿影响因素的概念模型构建。基于 SOR 理论、技术接受模型、情感表达模型和期望确认理论，构建用户持续使用意愿影响因素的概念模型，根据问卷调查数据进行模型的分析与验证，探讨用户持续使用意愿的影响因素及其相互关系。

第八章，结论与展望。总结本书的主要研究成果、结论和主要贡献，分析本书研究工作存在的局限，并对进一步需要开展的研究工作进行展望。

第二章　相关研究文献综述

关于手机 APP 用户体验领域的探索已经吸引了学术界与产业界的深切瞩目，国内外众多专家及学者对此展开了丰富的探究工作。这些探究所采用的手段、探讨的主题及得出的结论，均为本书的研究构筑了稳固的理论支撑，并为本书提供了宝贵的参考视角。在进行相关文献资料搜寻时，以国内外公开的学术数据库作为信息检索的主要渠道。本章内容分别从用户体验与手机 APP 的研究两个维度，对现有文献资料进行了综合梳理与分析。通过归纳与剖析相关文献资料，提炼出已有研究的核心贡献、存在的局限，从而为本书后续研究工作的推进奠定了坚实的基础。

一、关于用户体验的相关研究

在体验经济背景下，用户体验从产生就备受学术界和企业关注。本节将从用户体验的定义、用户体验的维度划分和用户体验的测量等方面进行文献综述。

（一）用户体验的定义

20 世纪 90 年代唐纳德·诺曼及其同事提出的用户体验一词，主要关注的是人机系统的愉悦度、价值和绩效等方面[3]。用户体验起源于人机交互领域并逐渐扩展至其他领域，具有主观性、动态性且与环境相关性等特点[15]。用户体验一词具有多种含义，从传统的可用性到美学、享乐性以及情感或体验方面[16]。

目前关于用户体验的定义尚未统一，学者们从各自的研究角度提出了不同的观点。例如，Alben（1996）表明用户体验包含人使用交互产品的所有方面，包括对产品的触觉印象、对产品的使用理解等[17]；Daniel（2000）将用户体验定义为用户使用产品或服务时产生的全部感受[18]；Rafi（2002）则认为用户体验是用户在使用产品或网站时所感受到的激励因素及交互过程的反馈所带来的一种体验[19]；Hassenzahl（2003）定义了用户体验的 4 个关键要素及其功能关系，即操作、识别、激励和启示，其中操作性可称为强调有效性和高效性的实用性属性，识别、激励和启示可以归纳为强调自我认同和激发回忆的享乐性属性[20]；Forlizzi 和 Battarbee（2004）指出用户体验是具有明确开始时间和结束时间的一段经历[16]；Norman（2005）认为用户体验就是"以人为中心"，并根据用户体验产品时大脑不同的加工水平将用户体验分为本能层、行为层、反思层三个层面[3]；Hassenzahl 和 Tractinsky（2006）将用户体验定义为用户内部状态（期望、需求、动机、心境等）、设计系统特点（复杂度、目的、可用性、功能性等）和环境共同作用的结果[21]；Law 等（2010）则认为用户体验包括用户认知、用户绩效、用户情感和交互意义[22]；Dirin 和 Laine（2018）将用户体验定义为用户在使用服务、产品或应用程序时产生的情绪[23]。另外，ISO 9241-210 给出的用户体验定义为"人们对于针对使用或期望使用的产品、系统或者服务的认知和反应"，即用户在使用产品、系统或服务前、使用中以及使用后的全部感受，包括用户的生理反应、心理感受和行为反应等[24]。

综上所述，尽管学术界对于用户体验的明确定义尚未形成共识，但从众多学者对用户体验的阐述中可以归纳出，用户体验本质上是一种主观性的感受。本书将用户体验界定为用户在交互行为发生前、发生时以及发生后所经历的全部感知、认知过程，情感体验和行为反馈。具体而言，这包括用户在与手机新闻 APP 进行交互的各个阶段（即交互前、交互过程中和交互结束后）所产生的生理层面的变化、心理层面的感受以及行为层面的反应等。

（二）用户体验的维度划分

关于用户体验的构成要素目前也没有统一的标准，学者们均是根据自己的研究问题选择合适的维度。例如，Rouse（1991）将用户体验分为归纳性体验、感官体验和情感体验三个方面[25]；Preece 和 Maloney-Krichmar（2003）将用户体验分为感官体验、功能体验和情感体验[26]；Garrett（2010）在《用户体验要素》中将用户体验划分为 5 个层次，分别是表现层（视觉感知设计）、框架层（界面设计、导航设计与信息设计）、结构层（交互设计与信息架构）、范围层（网站功能与内容需求）和战略层（用户需求与网站目标）[27]；Hartson 和 Pyla（2012）认为在人机交互过程中应从有用性、易用性、情感和认知记忆等方面对用户体验进行综合考虑[28]；Park 等（2013）指出用户体验可以从可用性、情感和使用价值三个维度进行衡量[29]。另外，程安萍（2016）关于智能手机用户界面设计的研究中将用户体验分为感官体验、交互用户体验和情感用户体验三类，其中感官体验是用户的视觉与听觉上的体验，并且是舒适愉快的体验，主要通过用户界面的整体色调和文字布局等视觉因素来呈现；交互用户体验是用户使用产品时的互动交流体验；情感用户体验，即用户对产品的情感认同[30]。Minge 和 Thüring（2018）从视觉美学、可用性和情感三个维度对用户体验进行衡量，研究了用户体验早期阶段美学与可用性之间的相互影响关系，研究发现视觉美学能够影响感知可用性，可用性也会影响感知视觉吸引力以及之后的情感行为[31]。

另外，已经有很多学者从不同角度构建了用户体验模型。例如，Morville（2004）将用户体验划分为可用性、有用性、易用性、可靠性、易查找、合意度和价值性七个方面进行测评，即用户体验蜂巢模型[32]。Jordan 提出的用户体验金字塔研究模型将用户体验划分为功能性、可用性和愉悦性三个维度[33]。Thüring 和 Mahlke（2007）构建了用户体验组件模型（CUE 模型），将其分为实用性质量和非实用性质量两种，其中实用性质量涉及系统提供的经验支持和易用性特征，非实用性质量涉及系统的外观和用户感受，包括视觉美学或触觉质量等特征。换言之，实用性质量与系统有用性和可用性相关，非实用性质量与系统吸引力相关。对实用性和非实用性质量的感知可能影响用户体验的第三个组件——交互过程的情感，用户体验组件模型将情感描述为伴随特定生理反应和表达行为的主观感受，这三个组成部分对系统的整体评价存在影响，进而影响用户的决策行为[34]。Zhou 和 Jiao（2013）构建了一种基于累积前景理论的改进的用户体验模型，用于用户体验的量化、预测及评估，这一模型包括感知、认知推理、形状拟合及评价四个阶段，感知阶段主要识别中性用户体验设计属性级别的参考点，认知推理阶段确定基于累积前景理论的价值函数、选择概率及权重函数，用于计算用户体验，形状拟合阶段采用最小二乘曲线拟合技术评价累积前景理论中涉及的参数，基于该参数执行不同设计的评价，并将此模型应用于飞机机舱内部设计中[35]。Rodden 等（2010）构建了一个以用户为中心度量的 HEART（Happiness，Engagement，Adoption，Retention，Task Success）框架并将其应用到谷歌公司的网络产品中，其中愉悦度（Happiness）用于衡量用户体验的主观方面如满意度、视觉吸引力、推荐可能性和感知易用性等，参与度（Engagement）用于衡量用户的行为如一段时间内用户与产品交互的频率、强度和深度等，接受度（Adoption）用于衡量一段时间内使用产品的新用户数量，留存率（Retention）用于衡量一段时间内再次使用该产品的用户数量，任务成功率（Task Success）用于衡量有效性、效率和错误率等传统用户体验行为指标[36]。

（三）用户体验的测量

用户体验设计的主旨是以用户为中心，用户体验的测量即用户体验的定量化，包括对用户的偏好、审美体验、情感体验、行为意图等多个方面的测量。传统的用户体验测量主要以访谈和问卷调查为主，即要求被试在进行一项任务后直接报告自己的主观感受。例如，Laugwitz 等（2008）提出的用户体验问卷，包括吸引力、显著性、效率、可靠性、激励和新颖性 6 个因子共 26 个题项[37]。Tonetto 和 Desmet（2016）提出了一种更加生态有效的基于理论的用户体验测量问卷，并将其应用于测量用户对于汽车的体验[38]。Minge 等（2016）基于用户体验组件模型，开发了一个用于测量交互式产品用户体验关键方面的调查问卷，该问卷包括 4 个成分共 34 个题项，即实用性和非实用性产品感知（有用性、可用性、视觉美学、状态、承诺）、用户情感（积极、消极）、使用结果（使用意图、产品忠诚度）和整体评价，并将其应用到手机、电脑、软件和移动应用程序上，结果表明该量表具有较高的内部一致性[39]。Hussain 等（2017）从感知易用性、感知可见性、感知愉悦性和感知效率四个方面对亚马逊 Kindle 电子书移动应用程序的用户体验进行评价[40]。

　　然而用户体验具有较强的主观性、动态性等特点，且极易受体验环境的影响，问卷测量结果往往缺乏客观数据的支撑[41]。为了更准确地对用户体验数据进行测量，一些学者已经开始采用客观测量辅以调查问卷方法对用户体验进行测量，主要包括眼动追踪技术、脑电 EEG、事件相关电位、皮电、心电、面部表情等，这些方法各有所长，研究人员可根据研究问题进行不同测量方法的选择。

　　眼动追踪技术是一种通过记录被试眼球运动数据客观反映用户认知的方法，在用户体验研究领域已得到广泛应用，如 Wang 等（2014）从认知负荷角度探索网页复杂度和任务复杂度对用户视觉注意及行为的影响，研究发现任务复杂度能够调节网页复杂度对用户视觉注意及行为的影响，当被试进行简单任务时，复杂度高的网页的注视点数量及任务完成时间处于最高水平，但是注视持续时间在不同复杂度的网页之间并不存在显著差异。然而，被试在中度复杂的网页上进行复杂任务时，任务完成时间、注视点数量和注视持续时间均处于最高水平[42]。Khalighy 等（2015）开发了一个应用眼动技术定量化评价产品设计中视觉审美品质的方法，通过对注视点、注视持续时间、注视坐标等眼动指标的测量将用户的审美品质定量化，并预测其审美偏好[43]。Guo 等（2016）利用眼动追踪技术设计了两个实验以探索能够反映用户体验的眼动指标，研究结果表明：在浏览任务中，相对于用户体验水平较低的智能手机图片，用户体验水平较高的智能手机图片的首次注视时间更短，被试浏览用户体验水平较低的智能手机图片时瞳孔显著放大；在目标导向任务中，被试的注意力受任务驱动的视觉认知控制，主要表现为观看用户体验水平较高的智能手机图片时，注视时间更长、瞳孔直径更大[44]。

脑电技术（EEG）广泛应用于对大脑活动变化的测量，在大脑活动的监控方面存在明显优势[45]。脑电的时间分辨率较高，适用于测量用户体验过程中情绪体验随时间的实时变化，它不仅可以用于测量情绪的唤醒水平，还在测量情绪的效价方面取得了突破性进展[46]。在软件的用户体验研究中发现，β/α 值可作为评价用户心理负荷的指标，当 β/α 值大于 1 时，表明用户心理负荷较高；当 β/α 值小于 1 时，表明用户心理负荷较低[47]。Li 等（2009）对用户访问远程仿真学习网站时记录的 EEG 数据进行分析发现，当用户阅读简单有趣的内容（相对于阅读枯燥无聊的内容）时 alpha 波波幅、alpha 波波幅偏差、alpha 波能量值均降低，表明 alpha 波节律与用户的情感状态存在相关性[48]。Ohme 等（2009）利用 EEG 测量用户观看两个几乎完全相同版本电视广告（其中一个场景的女模特存在 1.5 秒手摸脸再放腹部的特殊姿势）时的情绪变化，研究结果表明用户观看没有特殊姿势的广告时产生的 α 波能量值更高[49]。Ohme 等（2010）对于广告的情绪化启动刺激研究也得到了类似的结果，即用户观看有情绪启动刺激的广告时，额叶 α 波存在偏侧性，大脑左半球的激活程度更高[50]。Meza-Kubo 等（2016）验证了把 EEG 信号作为神经网络的输入对老年人用户体验进行评价的可行性，并对老年人愉悦及非愉悦情绪进行分类识别，研究结果表明分类的准确率在 60.87% 到 82.61% 之间，即应用神经网络训练可以从 EEG 信号中识别老年人愉悦和非愉悦情绪[51]。Hsu（2017）通过可穿戴的便携式无线脑电设备提取与消费者心理任务相关的脑电波，使用感知学习训练提取的 EEG 数据，以使得对于每个被试的综合心理工作进行良好的判断，并将其应用于消费者偏好的分析和判断中[52]。Chai 等（2014）利用 EEG 技术研究了 3 款手机 APP 交互过程的用户体验评价[53]。

　　事件相关电位技术（ERPs）是指当外界给定一种特定刺激作用于感觉神经系统或大脑的某个部位，在给予或撤销刺激时所引起脑电位变化，且这种电位变化与人的身体或心理活动密不可分[54]。ERPs 是一种高时间分辨率、无创伤性的脑认知成像技术，广泛应用于人的心理与认知等方面研究[55-57]，也有部分学者将其应用到情感加工方面[58]。Cuthbert 等（2000）的研究表明，情感图片诱发的晚期正成分比中性图片诱发的晚期正成分波幅更大[59]。Öhman（2001）[60] 和 Crawford（2002）[61] 利用事件相关电位技术进行的研究表明，消极刺激会比积极刺激引发更大的情感反应。Delplanque 等（2004）利用事件相关电位技术进行实验，发现顶—枕区消极刺激诱发的 P1 波幅比积极刺激诱发的 P1 波幅更大[62]。Herbert 等（2006）的研究表明，情感刺激诱发的 P2 和 N2 波幅比中性刺激更大[63]。Olofsson 等（2008）发现消极刺激诱发的枕区 P1 波幅更正，表明消极刺激引发用户更大的早期反应[64]。随着脑电技术的发展，目前一些学者已经将事件相关电位技术应用于用户体验的相关研究中[65-67]。例如，Ding 等（2016）利用 ERPs 研究用户浏览不同造型的手机时的行为意图加工过程，研究结果表明，若用户对所呈现手机产生进一步体验意图，则在中央—顶区、顶区、枕区诱发了更大的 N300 和 LPP，此结果说明 ERPs 波幅的差异能够用于测量用户体验[68]；Kim 等（2016）利用事件相关电位技术对网页界面美学和可用性进行评价，研究发现，在刺激呈现的1000ms 内，用户从可用性和美学角度对网页界面设计的第一印象的判断过程为：首先是对界面视觉细节的感知过程，然后是对网页界面的期望可用性进行评价，再次是对网页的可用性和美学进行评价，最后是对网页的美学进行评价[69]；Wang 等（2012）利用事件相关电位对项链吊坠进行隐性的美学体验测量，结果表明，丑的项链吊坠比美的项链吊坠诱发了更大的 P2，这意味着事件相关电位方法可能是测量美学体验的更敏感的潜在方法[70]；Ma 等（2015）通过事件相关电位方法探索了被试对不同建筑物的美学体验，结果发现，著名设计师的作品比普通设计师的作品引起了被试更大的 N2 波和更小的 P2 波，这为美学体验提供了两个神经指标[71]。为了了解用户体验的内部认知资源数量及信息处理速度，Chen 等（2015）利用事件相关电位探索饱和度、亮度变化对沙发的颜色吸引力和功能性的影响，研究发现沙发颜色吸引力受到亮度的影响，而功能性比颜色吸引力更早地参与到认知加工过程中[72]。

综上所述，通过眼动、脑电等认知神经科学和生理学方法记录的生理指标，可以反映个体真实的认知加工过程并且能够有效避免主观因素的干扰[16]。

二、关于手机 APP 的相关研究

本书主要关注的是以用户为中心的手机 APP 相关研究，即手机 APP 对用户心理、生理和行为的影响，下面从手机 APP 用户体验、使用意愿及手机新闻 APP 的相关研究三方面进行综述。

（一）手机 APP 用户体验研究

用户体验的好坏决定了其对该手机 APP 的进一步使用行为，而用户体验是由感官体验和交互体验共同决定的，故对手机 APP 用户体验的研究至关重要。下面对手机 APP 用户体验的研究给出文献综述。

Chai 等（2014）利用主观调查问卷和 EEG 技术对 3 款手机 APP 的交互过程进行用户体验评价，实验要求被试分别使用 3 款 APP 完成一系列没有时间限制的任务，并完成正性负性情绪量表（PANAS）和用户体验问卷（UEQ）。研究结果表明，用户的积极情感与 alpha 波能量值及其变化负相关，消极情感与 beta 波能量值负相关，说明 EEG 指标能够对人机交互过程的用户情感状态进行评价[53]。

廖厚东（2015）以即时通信类手机 APP 为研究对象，利用眼动追踪技术从主观和客观两方面对其进行用户体验评价研究，利用数量化 I 类和偏最小二乘方法对获取的用户主观、眼动数据和界面设计要素进行关系模型构建，并根据研究结果对手机 APP 进行优化设计[73]。

董进（2016）从用户体验角度研究移动阅读类 APP 的界面设计，利用市场调研方法获取用户对阅读类 APP 的需求并建立相应的用户模型，对阅读类 APP 进行信息与功能设计，最终将用户体验贯穿到阅读类 APP 大的整个设计流程中，该研究主要以定性分析为主[74]。

杨海波等（2016）利用眼动追踪技术研究了手机 APP 分类导航布局对消费者搜索效率的影响，导航布局差异通过图片复杂程度和界面背景特征两方面来体现，其中图片复杂程度分为简单和复杂两种，界面背景特征分为深色和浅色两种。研究发现，被试在简单图片导航界面和浅色背景导航界面上对目标商品的搜索效率较高[75]。

侯文军和秦源（2014）通过眼动实验探索标签式、宫格式、侧边展开式三种手机应用界面的视觉浏览规律，研究发现，被试对界面内容表现出区域偏好，即对手机界面的中心区域比边缘区域关注更多，相比于手机界面的右侧区域，被试首先关注手机界面的左侧区域，且对左侧区域的注视时间更长[76]。

张晓宇（2014）从用户体验角度出发对智能手机界面设计进行了定性研究，该研究主要通过用户和专家访谈方法对用户的习惯、操作方式等方面进行分析，并通过产品分析、用户访谈进行交互界面分析，最终建立了智能手机应用程序交互界面设计的用户体验模型[77]。

Qiu 等（2004）比较了 3 种触屏设备界面呈现方式（优化呈现、语义转换、缩放）对用户体验的影响，研究表明优化呈现通过最大化屏幕利用率最小化用户导航复杂度改善了界面布局，语义转换为用户呈现了内容概况，但是，这个研究并不是用真实的触屏设备做的，而是用模拟器做的[78]。

Yu 和 Kong（2016）对移动新闻网站的单页界面设计和首页界面设计进行的用户体验研究表明，读者在任务驱动情况下（阅读新闻文章），更喜欢单页设计（垂直下拉）和多页设计（不同页面轻敲）这种能够帮助其快速完成任务的更简单、直观的设计，当要求被试通过智能手机阅读新闻时缩放设计是被试最不喜欢的设计方式，但是缩放设计在查找和放大信息详情时还是很有用的，即移动新闻网页的设计和网站首页结构对感知易用性、阅读时间和整体阅读体验存在显著影响[79]。

Liu 等（2016）以 Hassenzahl 的用户体验模型为基础改进 Nike + Running 应用程序的用户界面，研究方法包括针对跑步者的焦点小组访谈以便了解跑步者对计步器 APP 的需求、测量用户体验满意度的调查问卷以及重新设计 Nike + Running 应用程序的用户界面，研究结果为移动应用程序的界面设计提供指导[80]。

李永锋和徐育文（2016）采用质量功能展开法，将老年人智能手机 APP 界面设计的视觉感受、信息架构、界面交互以及操作反馈等用户需求转化为设计需求，达到提高用户满意度、提升使用效率的目的[81]。

（二）手机 APP 使用意愿研究

关于手机 APP 持续使用意愿的研究，已经受到了国内外学者的广泛关注，在信息和移动技术领域，围绕用户接受和持续使用行为产生了大量的模型和理论，主要包括理性行为理论、计划行为理论、技术接受模型等，下面对手机 APP 使用行为进行文献综述。

Park 等（2014）根据技术接受模型提出了整合的技术接受模型，并将其应用于对社交网络游戏的满意度和使用意图的研究，研究发现，感知有用性、感知愉悦度、感知移动性和感知控制技术是影响玩家满意度的主要因素[82]。

赵延昇和刘佳（2016）提出了 APP 推送消息使用意愿的影响机制模型，研究结果表明，感知有用性、感知易用性和社群影响对用户的使用意愿存在正向影响[83]。

李武和赵星（2016）借鉴信息系统持续使用模型，探索大学生社会化阅读类 APP 持续使用意图的影响因素，研究发现，期望确认程度和满意度对用户持续使用意愿存在重要影响[84]。

张伟伟（2014）基于技术接受模型和用户价值接受模型构建了智能手机 APP 持续使用意愿的影响因素模型，提出了相关假设，研究结果表明，感知价值和网络外部性对 APP 使用意愿存在正向影响，感知有用性、感知娱乐性、感知费用和互动性对感知价值存在正向影响[85]。

刘琳（2015）基于技术接受模型对学生的购物网站手机客户端使用意愿的影响因素进行研究，研究发现，感知有用性、感知易用性和外界影响对用户使用意愿存在正向影响[86]。

Tarute 等（2017）研究移动 APP 的功能性、设计解决方案、交互性以及信息质量因素对用户卷入度的影响，并进一步诱发用户的持续使用意图，研究发现，设计解决方案和信息质量对用户卷入度存在正向影响，用户参与度对持续使用意图存在正向影响[87]。

Kang 等（2015）指出基于位置服务的零售移动 APP 的主要特征包括时间便利性、交互性、兼容性和努力期望，并研究这些特征与消费者情感和认知参与的关系，进一步研究情感和认知参与对零售 APP 的下载和使用意图的影响，研究结果表明，感知交互性和兼容性对情感参与存在显著影响，进一步影响用户的下载和使用意图[88]。

Natarajan 等（2017）以扩展的技术接受模型和创新扩散理论为基础，对移动购物 APP 的使用意图进行研究，研究发现，个人创新和感知风险对移动购物 APP 使用意图存在显著影响，且具有高度创新性和更高使用意图的用户对价格敏感度较低[89]。

梁昌裔等（2023）通过构建求职类 APP 用户持续使用意图模型发现，信息系统持续使用理论适用于求职类 APP，且系统质量、信息质量、服务质量对用户的满意度存在显著影响[90]。

（三）手机新闻 APP 的相关研究

在线新闻和社交媒体正在改变新闻的产生、传播及阅读过程，越来越多的学者把注意力集中在新闻消费的研究上。例如，Thorson 等人（2015）提出了一个移动新闻应急模型，用于描述和解释不同人群中移动新闻消费的模式[91]，Chan（2015）专注于移动新闻使用与使用其他媒体访问新闻之间的关系和动态[92]，Shim 等人（2015）探讨了移动用户对两种移动新闻（政治特征新闻和娱乐新闻）的适用性，用户动机和行为模式的看法之间的关系[93]。

Facebook 等社交网站提供了分享新闻故事的新方式，鼓励用户参与到新闻的讨论中，许多研究学者已经开始关注社交网站上的新闻使用情况[94,95]。例如，Oeldorf-Hirsch 和 Sundar（2015）识别出有利于新闻讨论的特征并检验他们对于参与感和影响感的影响，研究结果表明，用户是否参与新闻内容取决于网站的社交功能性，特别是那些允许受众定制和推动网络反馈功能[96]；Chung（2017）研究了在线新闻评估中媒体可信度和社交媒体指标的相互作用[97]；Choi 等（2017）调查网络异质性和新闻共享性对社交媒体的影响，以及如何进一步导致公民的政治参与行为[98]；Rudat 和 Buder（2015）以推特为研究对象，探索信息内容和信息背景对新闻分享行为的影响[99]；Wu 和 Shen（2015）从推特抓取跟踪数据并识别来自新闻媒体的新闻传播特征，基于这些特征构建了一个新闻流行度预测模型，通过这一模型可以快速预测新闻的最终转发数量，此外，研究发现转发者与新闻来源之间的平均互动频率与新闻流行度相关，且新闻的负面观点与转推流行度存在一定的相关性[100]；Choi 等（2016）通过关注社交网站上新闻阅读、新闻发布和新闻背书三个不同的活动研究社交网站上新闻消费的原因，研究发现，每种类型的新闻活动可能来源于不同动机、媒体习惯及技术集群[95]。Chuang 等（2017）探讨了新闻机构的可信度与社交媒体指标如何影响在线新闻评价，结果表明，社交媒体指标降低了新闻机构可信度对在线新闻评价的影响，且社交媒体指标对在线新闻评价的影响仅在新闻报道来自可信度低的新闻机构时才有效[97]。另外，还有一些研究集中在社交媒体环境中对新闻的偶然接触行为[101,102]。

已有学者针对新闻 APP 进行了大量用户使用感受及行为等方面的问卷调查及实证研究，例如，曾凡斌和陈荷（2017）采用半结构化访谈法对大学生移动新闻客户端的使用情况及影响因素进行研究，访谈内容主要围绕用户的使用动机、用户的使用方式以及用户的使用评价三方面展开。研究结果表明，移动新闻客户端是大学生获取新闻资讯的主要方式，新闻阅读呈现出快餐式特征，且大学生关注较多的新闻类型主要是时政热点、财经新闻和娱乐新闻[103]。刘林沙和付诗瑶（2016）以使用与满足理论和技术接受模型为基础，通过问卷调查及深度访谈法研究大学生新闻客户端的使用情况，研究表明，新闻客户端的移动性对使用意图的影响较大，且使用意图对使用时长存在影响[104]。李华君和张婉宁（2018）利用问卷调查法研究了青年群体对新闻媒介的使用情况，研究结果表明，为提高用户对新闻媒介的满意度，需要构建具有品牌特色的移动新闻客户端[105]。Shariff 等（2017）研究了读者人口统计信息、新闻属性和读者可信度感知之间的关系，研究发现，读者的教育背景和地理位置信息与他们的可信度感知之间存在显著相关性，且推文中的新闻属性与读者的可信度感知之间显著相关[94]。Wei 和 Lo（2015）以智能手机为移动新闻消费平台，识别其关键影响因素以及使用之后的行为模式，在中国随机选择 719 名年轻人，用于验证这一因果模型。研究结果表明，拥有高监控满意度智能手机的受访者更有可能阅读移动新闻，并进一步参与到移动新闻中，即阅读移动新闻与通过推文、博客和博主等多种数字新闻来源参与移动新闻正相关[106]。Chan-Olmsted 等（2013）以创新扩散和技术接受模型为基础，研究移动新闻消费的影响因素，结果表明，移动新闻的感知相对优势、可用性和易用性与接受正相关，且新闻消费模式、用户偏好和媒体使用都在移动新闻的接受中扮演着重要的角色[107]。原薇和杨海娟（2017）在信息系统成功模型及期望确认模型的指导下，研究移动新闻客户端用户持续使用意图的影响因素，研究发现，心理距离对感知有用性和感知趣味性均存在显著影响，信息质量对感知趣味性和满意度存在显著影响[108]。邹霞和谢金文（2015）在期望确认理论、技术接受模型和补充要素模型基础上构建了移动新闻的用户满意度模型，用于研究移动新闻用户满意度的影响因素，研究结果表明，期望确认和感知易用性对用户满意度的影响最大，感知审美对用户满意度的影响次之，感知内容对用户满意度的贡献最小[109]。

另外，也有学者关注手机新闻 APP 用户体验方面的研究。刘婷等（2016）就手机新闻 APP 的 3 种图文布局方式（左图右文式、左文右图式和上文下图式）对用户视觉搜索效率的影响进行了研究，研究结果表明，上文下图式的页面布局方式的视觉搜索效率最高[110]。党君（2015）从用户体验角度，定性研究情感、满意度和美学因素对移动新闻 APP 用户使用行为的影响，并提出移动新闻客户端的改进意见，以增强其可用性和易用性，达到进一步提高用户满意度、忠诚度的效果[111]。Wang 等（2017）介绍了经验分类法（ToE）及其 SEEing 分析方法，以了解台湾大学生对于手机新闻 APP 的用户体验，在测试期间鼓励用户通过有声思维法表达自己的感受、意见及操作过程，SEEing 分析方法包括九个步骤对用户的口头评论进行分类和分析，通过每个步骤的明确任务来分析用户体验。实验材料为 4 个台湾媒体开发的新闻 APP，共 80 名被试，每个新闻 APP 由 20 名被试对其进行评价，研究发现，新闻 APP 的用户体验包括对快速理解、分享、一致性、趣味性、重要性、多样性、兴趣和其他广泛主题的期望，该研究为新闻提供者提供了一种可以重新评价用户对新闻 APP 的真实需求的方法[112]。

三、对已有研究成果的评述

通过对手机 APP 用户体验的相关文献进行系统的梳理与分析，可以发现，手机 APP 用户体验的研究正日益吸引国内外专家学者的高度关注，并已形成了一系列兼具深厚学术价值与实践指导意义的学术研究成果。尽管如此，当前针对手机 APP 用户体验的研究领域仍面临若干挑战，下面将分别从已有研究的主要贡献和不足之处进行阐述。

（一）已有研究的主要贡献

已有关于手机 APP 用户体验的研究，丰富了用户体验研究的背景、理论基础与研究方法，同时为本研究的顺利开展提供了有效的指导，主要贡献包括如下几个方面：

1. 为研究中用户体验的阶段划分提供了理论指导。通过对用户体验相关理论的文献综述可以看出，学者们根据自己的研究问题进行了大量的相关研究[例如，Rouse（1991）[25]，Daniel（2000）[18]，Preece 和 Maloney-Krichmar（2003）[26]，Norman（2005）[3]，马俊华（2019）[5]等]，为本研究工作的顺利进行奠定了重要的理论基础。

2. 为研究用户的视觉认知特性和脑认知特性提供了方法借鉴。已有研究中提及的理论方法，为手机 APP 用户体验不同阶段中用户的视觉认知特性和脑认知特性研究提供了相应的理论指导与方法借鉴［例如，Guo 等（2016）[44]，杨海波等（2016）[75]，刘婷等（2016）[110]，侯文军和秦源（2014）[76]，Chai 等（2014）[53]，Kim 等（2016）[69]，Ma 等（2015）[71]，Ding 等（2016）[68]，Luan 等（2016）[113]，Hughes 等（2003）[114]，Tommaso 等人（2008）[115]，Righi 等（2009）[116]，Ozcelik 等（2009）[117]，Reuderink 等（2013）[118]，Guo 等（2019）[119] 等］。此外，已有研究中的数据处理与分析方法，比如脑电数据预处理方法、EEGLAB 工具包、统计分析方法等，为本书所获取用户数据的有效分析处理提供了支撑与参考。

3. 为用户持续使用意愿的研究提供了借鉴。已有研究对于用户满意度、用户情感、用户持续使用行为等均为本书中手机新闻 APP 用户持续使用意愿的研究提供了重要的理论支撑，尤其是为所构建模型中各题项提供的借鉴与参考［例如，Lavie 和 Tractinsky（2004）[120]，Tractinsky 等（2000）[121]，Bhandari 等（2017）[122]，Liu 等（2016）[123]，Davis（1989）[124]，Hsiao 等（2016）[125]，Gao 等（2015）[126]，Xu 等（2015）[127]，Wang 等（2011）[128]，Merikivi 等（2017）[129]，Yu 和 Kong（2016）[79]，Sharma（2017）[130]，Nikou 和 Economides（2017）[131]，Mehrabian 和 Russell（1974）[132]，Cyr（2008）[133] 等］。此外，结构方程模型分析方法也为本书的研究提供了方法参考。

（二）已有研究的不足之处

目前，关于手机 APP 用户体验的研究已经取得了一定的成果，但仍存在不足，具体体现在以下几个方面：

1. 关于用户体验的界定及其构成元素，学界尚未达成共识，用户体验的各类影响因素也尚未完全明确，仍需通过跨学科的基础研究来强化用户体验的理论根基。

2. 在用户体验研究中，针对用户心理、生理及行为特征的测量手段，问卷调查法依然占据核心位置，其重要性不容小觑。然而，随着科技的持续进步，生理测量技术的融入正逐渐成为一股新兴趋势，展现出巨大的应用潜力。当前，生理测量技术在用户体验领域的应用尚处于萌芽阶段，对于各项生理指标的阐释尚未统一，仍需深入探索。

3. 手机 APP 用户体验的现有研究大多侧重于主观评价，鲜有研究从用户认知的视角出发，深入探讨其界面设计与交互设计的合理性。实际上，对用户认知的探究能够揭示用户在使用产品过程中的生理变化、心理体验及行为响应，从而决定用户体验的质量。因此，有必要从用户认知的角度出发，对手机新闻 APP 的用户体验进行深入研究。

第三章　理论基础

在上一章文献综述基础上，本章将进一步阐述手机新闻 APP 及用户体验研究的有关理论，首先介绍手机新闻 APP 的概念、分类及特点，然后阐述用户体验阶段的划分，最后阐述用户认知方面的相关理论。通过本章的分析和讨论，为本书后续章节研究工作的顺利开展奠定理论基础。

一、手机新闻 APP 概述

（一）手机新闻 APP 的概念界定及分类

相较于传统电脑，智能手机支持触摸、手势点击、语音指令等多种交互模式，具备便携性、低功耗硬件、屏幕小、带宽有限以及受限的操作界面等特征。就应用场景而言，智能手机最为突出的特性在于其移动灵活性和使用便利性，无论用户是在行走途中、排队等候、用餐时刻，只需接入移动互联网，便能随时随地操作智能手机。移动应用程序（APP）是安装在智能手机和平板电脑等移动设备上的程序[134]，手机 APP 是指安装在智能手机上的能够满足用户多种需求的应用软件。当前主流的应用程序（APP）主要分为两大类：一类是基于谷歌公司研发的 Android 操作系统，另一类则是基于苹果公司开发的 iOS 操作系统。与电脑端的网页界面相较，智能手机 APP 的界面设计展现出其特有的性质。鉴于智能手机屏幕的尺寸远小于电脑屏幕，这促使手机 APP 的界面设计必须在有限的屏幕上实现信息的合理布局，才能在吸引用户注意的同时，避免给用户造成过重的认知负担。

手机新闻 APP 是依托于智能手机的一种新型媒介应用平台，它能够全方位地为用户提供新闻资讯服务。随着移动互联网的蓬勃兴起，手机新闻 APP 已成为用户获取新闻资讯的主要途径，能够定时向用户推送即时新闻、订阅内容等信息。手机新闻 APP 可根据不同的分类标准被划分为多种类型。首先，按照新闻内容的生产方式，可将其分为用户生成内容、专业人士生成内容和算法自动生成内容三类。其中，用户生成内容指的是用户参与到新闻的选题与爆料中，不再仅仅是新闻的接收者，同时也是新闻的创作者；专业人士生成内容则是由编辑或其他专业人员筛选并发布的新闻内容，多为自编自采的新闻；算法自动生成内容则是基于大数据，通过算法生成的新闻内容，并根据用户的浏览习惯进行个性化推荐的新闻传播方式。此外，根据新闻生产主体的差异，手机新闻 APP 还可分为门户类手机新闻 APP、聚合类手机新闻 APP、传统媒体类手机新闻 APP 和垂直类手机新闻 APP 四类。门户类手机新闻 APP 是由传统互联网门户网站开发的手机新闻应用，如搜狐、新浪、腾讯等手机新闻 APP；聚合类手机新闻 APP 本身不生产新闻内容，而是通过整合其他媒体的新闻内容并推送给用户，例如今日头条、一点资讯等；传统媒体类手机新闻 APP 是由传统纸质媒体开发的手机新闻应用，如人民日报新闻客户端、央视新闻客户端等；垂直类手机新闻 APP 提供的新闻内容更为专业、深入，专注于某一特定领域的新闻报道。

（二）手机新闻 APP 界面构成

移动互联网的迅猛增长使得手机新闻 APP 能够迅速汇集并展示全球各地的海量碎片化信息，这些信息通过文字、图像、声音及视频等媒介形式传递给每位用户。手机新闻 APP 通常包含多个界面，例如首页界面、新闻详细页界面、个人状态界面以及登录界面等。通常，对于移动用户来说，手机新闻 APP 主要用于接收、阅读和搜索新闻[135]，即用户接触最多的界面为首页界面和新闻详情页界面，下面将对这两个界面的布局特点进行分析。

根据手机应用商店中现有手机新闻 APP 的首页界面布局方式，选取人民日报、今日头条、澎湃新闻、腾讯新闻和搜狐新闻五款手机新闻 APP 作为代表，进行首页界面特点分析。如图 3.1 所示，手机新闻 APP 的首页界面构成通常涵盖状态栏、搜索框、顶部菜单栏、底部功能栏以及主要内容区域。状态栏负责展现手机的基本运行状态，诸如运营商标识、铃声模式、网络连接状态、电池电量及当前时间等信息；搜索框则用于用户查找特定新闻内容；顶部菜单栏用于分类展示不同类型的新闻，例如军事、财经、社会新闻等；底部功能栏主要整合了用户登录信息、直播入口、视频内容等相关功能；而主要内容区域作为首页界面中面积最大且最受用户瞩目的部分，主要用于展示文字报道、图片新闻及视频新闻等内容。

图 3.1　首页界面截图

由图 3.1 可以看出，手机新闻 APP 界面的同质性较高，界面布局差异仅仅表现在界面的主体颜色和主体内容栏新闻内容布局方式等方面。其中界面的主体颜色差异体现在顶部导航栏、底部导航栏和状态栏部分，在新闻主体内容栏处也有体现，主体颜色通常设置为红色或蓝色。一般而言，颜色是用户交互、用户体验和美学设计领域的一个重要属性[136]，它是吸引用户注意的强有力工具[137]，且在视觉场景中可以快速定位相关刺激[138]。Lee 等（2005）的研究表明用户的颜色偏好与眼动行为之间存在相关性，即他们倾向于花费更多的时间在喜欢的颜色上，这表现为更长的注视时间和更多的注视次数[139]。Ozcelik 等（2009）表明，学习者对彩色编码的学习材料的平均注视持续时间更长[117]。另外，在视觉搜索过程中，注意阶段的有效性和效率主要依靠注意目标的难易程度，彩色的材料能够尽量减少不必要的搜索过程[140]。因此，手机新闻 APP 首页界面设计中不同主体颜色的设置可能会引发用户不同的心理感受、生理特点和行为方式。

手机新闻 APP 首页界面的主体内容栏中主要包括新闻文本和新闻图片信息，虽然视频形式已经广泛应用于新闻的呈现方式上，但是根据企鹅智库发布的 2019 网民新闻消费偏好报告可知，80% 以上的用户更喜欢图文布局的新闻报道方式[141]，故本书只对图文布局方式进行分析。新闻文本主要包括新闻标题、新闻来源和评论数等信息，新闻图片即与新闻内容相关的图片信息。主体内容栏中新闻内容布局方式的差异主要体现在界面中新闻文本和新闻图片的组合方式上，主要包括纯文本、上文本—下图片、上图片—下文本、左文本—右图片、左图片—右文本等形式。通常，屏幕信息的布局方式对用户的注视行为存在一定的影响[142]，不同布局方式可能会导致用户不同的视觉浏览和搜索行为。因此，图文布局方式的差异可能会对手机新闻 APP 用户体验产生影响。

新闻详情页界面是指某一条指定新闻的详细展开界面，主要包括新闻标题、新闻来源、新闻时间、新闻内容、相关新闻推荐和广告等信息。用户能够多点击相应的按钮来收藏新闻条目或发表评论，并且能够通过微信、微博、QQ 等多种渠道将新闻内容分享给好友。新闻详情页界面涉及的设计要素较多，包括字体、界面主色调、广告位置等，用户打开新闻详情页的目的是浏览新闻，此时，应该更加注重界面设计的简洁性和清晰性。

二、用户体验的阶段划分

唐纳德·诺曼从认知心理学角度将用户体验划分为本能层设计、行为层设计和反思层设计[3]。Desmet 和 Hekkert（2007）指出，美学、情感、体验的意义是产品体验的三个组成部分，即用户与产品交互过程中产生的全部情感，包括感官得到满意的程度（审美体验）、产品带给用户的意义（意义体验）以及引起的感觉与情感（情感体验）[143]。另外，高雪（2018）将手机新闻客户端的用户体验划分为视听体验、内容体验、操作体验和情感体验四个层面，其中：视听体验层面主要包括手机新闻 APP 的界面风格和布局等方面特性；内容体验层面主要表现为个性化、丰富化、真实性和时效性；操作体验层面主要涉及手机新闻 APP 的功能性特征；情感体验层面主要包括手机新闻 APP 传播内容的情感偏向、用户个性以及对用户社交需求的满足等方面[144]。据此，本书将用户体验划分为感官体验和交互体验，并分析这两个阶段对用户后续持续使用行为的影响。

（一）感官体验阶段

感官是用户与产品之间的沟通渠道，包括视觉、听觉、味觉、嗅觉和触觉五种基本感觉器官，感官体验定义为用户与产品或软件进行实际交互操作前产品外观或软件界面带给用户的主观感受。认知心理学家唐纳德·诺曼认为，本能层设计即感官体验阶段主要与产品的外观、质地、手感等外形设计有关，反映用户对所呈现事物的第一印象，受刺激的物理特性支配[3]。本能层体验是用户体验的基础，包括视觉体验、听觉体验、触觉体验、嗅觉体验和味觉体验。用户初次接触产品时对其产生的第一印象主要来自刺激的外观，这一阶段的体验时间通常较短，Lindgaard 等（2006）的研究表明用户能够在 50 毫秒内完成对网站印象的评价。对于用户界面来说，设计良好的界面往往给用户带来更积极的评价和体验，并进一步影响用户的使用行为。

设计师在进行界面设计时需要以感官体验为基础，界面信息呈现需清晰、简洁，符合用户的视觉浏览习惯。通常人类的视觉浏览遵从自左向右、从上到下的顺序，已有研究在以文字为主的网页界面上进行新闻文章的视觉浏览或搜索时都发现了典型 F 模式，即用户首先浏览水平轴上的内容区域，形成 F 的顶部线条，然后向下移动页面并读取形成 F 模式的第二个水平轴线，最后浏览页面左边内容区域的一侧形成 F 的垂直运动[145]。对于智能手机应用程序界面来说，由于其屏幕尺寸所限，尚不确定用户的视觉浏览特性是否遵从计算机界面的 F 模式。另外，用户在浏览某一界面时其大脑认知加工过程如何仍需探索。因此，本书中的感官体验阶段特指手机新闻 APP 首页界面设计给用户带来的主观感受，其影响因素主要集中于界面的视觉设计特征方面，如文字、图片、界面颜色、界面布局等，这一阶段着重深入分析与探讨用户的心理反应、生理状态以及行为模式。

（二）交互体验阶段

交互体验可以理解为行为层设计，与产品的可用性以及使用产品的感受有关，主要关注用户的使用乐趣和效率，涉及使用产品的享乐性感受和实用性感受。已有研究表明，用户交互体验受界面感知可用性和界面美学的共同影响[20,146,147]。Tuch 等（2012）发现在用户体验的实证和实验研究中，用户与产品交互之前进行的评价中，美学往往占据主导地位；而在交互后评价中，尽管美学仍然起作用，但是可用性的影响更大[148]。对于用户界面来说，感官体验注重界面设计的视觉特征，而交互体验更加注重界面设计的可用性和易用性等实用性特征。其中可用性是交互体验的基础，是指用户在该界面完成任务的有效性、效率和满意度等；易用性是指用户在该界面中进行交互操作的难易程度。

交互体验主要是对产品交互设计的体验，这一阶段主要与用户的交互操作行为有关。交互设计中的 KISS（Keep it Simple and Stupid）原则是指把产品做得越简单越好，用户通常喜欢简单且容易使用的产品，复杂的产品会增加用户的认知负荷和记忆负担。对于手机应用程序的交互体验来说，界面开发人员在进行交互设计时，对于用户的点击行为需要提供界面跳转或声音提示等反馈动作，提示用户操作的正确性并指引用户如何进行下一步操作，避免用户处于迷失状态，且需要控制交互等待时间，等待时间过长易造成用户的厌倦心理，同时也需要注重界面的视觉信息设计。本书中的交互体验是指用户操作手机新闻APP过程中产生的主观感受，这一阶段的用户体验主要受到界面视觉设计和界面操作等方面的共同影响，并能够进一步影响用户情感。情感是一种复杂的心理状态。离散的情感理论认为人的基本情感如高兴、伤心、愤怒、恐惧等均是独立存在的；而情感维度理论认为大脑中的核心情感是连续的，主要由愉悦度和唤醒度两个维度构成，其中愉悦度通常指用户生理上情绪的激活方向，即用户情绪积极或者消极的程度，唤醒度是指用户生理上情绪的激活程度，即用户冷静或者兴奋的程度[149]。

另外，用户体验的两个阶段对其后续的持续使用行为存在一定程度的影响，在感官体验和交互体验基础上用户会对该手机新闻APP形成一定的印象并影响用户的情感变化。一般而言，正面的情感能够激发用户更强的参与意愿、沉浸感受等积极心态，而负面的情感则倾向于导致用户的反感、忧虑等心理状态。因此，有必要探究用户体验的这两个阶段如何影响用户持续使用该APP的意愿。

三、认知理论

认知过程是个体在认知活动中对信息进行加工处理的过程，认知心理学将认知过程看成是一个由信息的获得、编码、贮存、提取和使用等一系列连续的认知操作阶段组成的按照一定程序进行信息加工的系统。认知理论是关于有机体学习的内部认知加工过程，比如信息、知识以及经验的获得和记忆，达到顿悟、使观念和概念相互联系以及问题解决的各种心理学理论。

（一）视觉认知理论

人的视觉系统可以从视觉上捕捉外部信息，并将其传递到眼球再传递到大脑，大脑会对视觉信息进一步加工和整合，各个脑区的神经元活动会根据物体的特征产生视觉体验并对其进行识别，在人类的认知世界中有 80%—90% 的认知信息是透过视觉系统获得的[150]。视觉信息加工主要由眼睛、视神经和视觉中枢等共同活动完成，光线透过晶状体和玻璃体到达视网膜，视网膜上的视锥细胞和视杆细胞将光信号转换为电信号，并进一步传递到大脑进行加工。其中视锥细胞在视网膜中央部分的中央凹处密集，主要用于分辨物体细节和颜色，视杆细胞具有较低的分辨率，对低强度的光线比较敏感。在电信号到达大脑之前，视神经在视交叉处汇合，通向大脑皮层的对侧，即右半球视觉皮层主要接受左视野的输入信息，左半球视觉皮层主要接受右视野的输入信息。在视交叉的指引下，视觉信息被输送到大脑进行加工，不同种类的视觉信息由视觉皮层的不同加工区进行加工，然后大脑对看到的视觉刺激进行感知从而产生知觉。

注意是指从大量信息中选择有限容量的信息进行主动加工的方式。在注意领域关于视觉注意的研究比较多，虽然眼睛能够记录视野中的大部分信息，但中央凹只能加工视野中的小部分信息，即投入大部分视觉加工资源到特定视野。视觉注意如聚光灯一样，注意的广度会随着刺激的不同而变，注意从一个位置移动到其他位置时，通常经过指向、解除和移动三个过程。人的视觉注意所包含的信息加工过程主要包括两种：自下而上的加工和自上而下的加工。自下而上或刺激驱动的注意是指注意的获取主要受到视觉刺激的显著性、尺寸、视觉聚类和位置等信息的影响，即在视觉上更显著的广告或信息更容易优先吸引用户注意。自上而下或目标驱动的注意是指人们自愿将注意力分配给与当前目标或任务相关的事物，即人们的视觉注意力主要受到个人目标或任务指导。根据注意的双加工理论可知，个体的认知加工可以分为自动加工和控制加工两类，其中自动加工是指不受认知资源限制的、自动的认知加工过程，控制加工是指受到意识控制的、有意识的加工过程。视觉搜索过程是指在众多干扰刺激中找出目标刺激的过程。如果目标刺激和干扰刺激之间只在单一特征上存在差异，则这种搜索被称为特征搜索；如果目标刺激和干扰刺激存在两种以上特征组合差异，则这种搜索被称为联合搜索。

　　眼动追踪技术是一种能够观察用户认知过程并识别特定视觉刺激如何影响其眼睛活动的方法[151]，眼动行为能够揭露人类感知、情感和认知过程，并且能够进一步预测和解释人类行为，更频繁的注视频率往往表示个体对目标更感兴趣[152]。观眼知心假说认为，当个体在观看时，他（她）正在感知、思考或者致力于某事，他（她）的认知加工过程可以通过追踪眼动轨迹进行识别[153]。与传统的数据收集和分析方法不同，眼动追踪是一种主动和直接收集用户隐性反应的技术，并用于识别特定视觉刺激如何影响用户的眼球运动。自 20 世纪 60 年代以来，眼动追踪技术已被用作分析视觉注意力和感知的客观工具[154]。眼睛运动的测量已被证明是研究各种领域中注意力加工的有效工具，包括产品设计[43,44]、网页界面设计[42]、网络搜索[155,156]、行为意图[157,158]等。

　　眼动追踪技术可以用于观察和记录用户进行视觉浏览和视觉搜索时的眼球运动情况，通过对视觉信息的提取进一步反映用户的注意行为及其心理活动。眼球运动被认为是一种可靠的注意力指标[159]，它有助于揭示在可视化评估研究中难以观察到的微妙认知处理阶段[160]。在人类视觉中，眼球运动对认知加工至关重要，因为它们将视觉注意力集中于某些刺激的特定部位[161]。视觉注意力是一种中心视力选择性聚焦的眼睛行为，并遵循刺激的扫描路径，主要包括注视和扫视。注视可以表明信息获取过程，注视持续时间和注视次数，能够揭示用户的认知活动和视觉注意[113]，通过追踪用户的注视行为是从外部环境获取个人信息的最有效方式[162]。扫视是从一个注视点到另一个注视点的快速眼球运动，扫描路径中的扫视数量表示显示器上的视觉搜索量，更多的扫视代表更大的搜索量[163]。

　　在众多的眼动指标中，注视持续时间和注视点数是与用户认知过程和视觉注意相关的主要指标[113]，注视点表示信息获取过程，追踪注视点是从外部环境中捕捉个人信息的最有效的方式[162]，兴趣区内更长的注视持续时间表示兴趣区的事物可能更有吸引力，或是需要更进一步的调查，或是从兴趣区呈现的事物中提取或解释信息并不容易[164]。瞳孔变化是眼动追踪技术的一个重要指标,在一定程度上反映了人的认知活动。另外,瞳孔直径的变化范围一般是 1.5—

8.0mm 之间[165]，瞳孔直径的变化一般被认为与用户的情绪、注意力、心理努力和认知负荷及对刺激的感兴趣程度等有关[166-169]。眼动是注意的一个重要指标，因此通过眼动行为可以了解注意的动向，并可以进一步揭示信息加工的内在机制。

（二）神经认知理论

认知科学是探究认知过程中信息传输方式的学科。认知神经科学的研究目标是揭示人类认知活动的脑部工作原理，即人类大脑如何调动其各个层级的组成部分，涵盖分子、细胞、脑区以及整个大脑，来完成各种认知任务。

当前，人类大脑的开发研究正日益受到全球的关注，各国对此领域的重视程度不断提升。2013 年，美国率先启动了创新性神经技术大脑研究计划，旨在深入探究人类大脑的工作机理，全面绘制大脑活动图谱，并研发针对大脑疾病的治疗方法。同年，欧盟也推出了由多国共同参与的欧盟人类脑计划，该计划重点聚焦于神经科学、医学以及计算技术等相关领域的研究。2014 年，日本提出大脑研究计划，其核心是通过研究猕猴大脑来弥补鼠类研究在模拟人类大脑方面的不足，从而更深入地探索人类大脑疾病的奥秘。随后，中国也启动了脑计划与类脑科学研究，旨在揭示大脑的认知机制，攻克大脑疾病难题，并推动以人工智能技术发展为目标的类脑科学研究。此外，英国、澳大利亚、韩国等国家也纷纷提出了各自的大脑研究计划。由此可见，脑科学研究已成为全球范围内的研究热点，对于人类大脑的探索也是新世纪人类所面临的重大课题与挑战。

人类的大脑结构分为前脑、中脑和后脑三大区域，其中前脑位于大脑的顶部和前部区域，是人脑中最发达的部分，主要控制思考、记忆、学习和阅读等智力活动；中脑主要负责视觉及反射运动；后脑位于脑颅后部，主要参与控制身体的生活机能和机械运动。大脑皮层是高级神经活动的物质基础，负责机体内的一切活动过程，可以将其分为四个区域：额叶、颞叶、顶叶和枕叶，其中位于大脑前端的额叶主要负责运动加工和高级认知思维过程加工；紧贴太阳穴的颞叶主要负责听觉加工和语言理解，同时也参与物体识别过程；位于大脑顶部靠后的顶叶主要负责触觉、痛觉等体感信息和空间位置的加工，也与意识和注意过程有关；位于大脑皮层后部的枕叶涵盖了初级视觉感知区域，主要与视觉加工有关。大脑的认知功能主要包括直觉、注意、记忆、语言和思维以及智能和意识等心理功能。

大脑是神经系统中最高级的部分，主要由左半球和右半球构成，大脑中外形相似的两个半球在认知加工中通常扮演着不同的角色。大脑左半球管理并指挥右侧身体的动作反应，主要负责语言加工、逻辑推理和数学运算等，大脑左半球的信息加工方式通常被描述为顺序性和分析性；大脑右半球主要管理左侧身体的动作反应，主要负责空间辨认、艺术和音乐欣赏等，大脑右半球更倾向于以整体性和平行性方式进行信息加工。另外，在情绪处理中，大脑左半球和右半球也扮演着不同的角色。目前关于大脑半球偏侧化主要存在两种理论假说，即效价假说和右半球假说，其中效价假说认为不同的情绪由不同的大脑控制，右半球主要处理消极情绪，左半球主要处理积极情绪[170]，即大脑前额皮层与情绪的效价和趋近规避行为相关，积极情绪和趋近行为与左侧前额皮层相关，消极情绪和规避行为与右侧前额皮层有关[171,172]；右半球假说认为大脑右半球主要用于处理积极情感和消极情感[173]。也有研究表明关于大脑半球偏侧化的两个假说并不是相互违背的[174,175]。

活的人脑会不断产生电位活动，这种自然状态下的脑电信号称为自发电位。脑电活动是一种自发性的节律活动，通常与大脑的区域及状态有关，大脑活动是人心理活动的直接映射，通过观察大脑在不同心理状态下的电位活动可以了解大脑的工作机制及人的认知过程。脑电信号（Electroencephalogram，EEG），又称为脑电图，是测量人类大脑活动的有效工具之一，主要是利用大脑头皮上放置的记录电极采集大脑头皮的电位变化，并从中提取出大脑的神经活动信息。EEG 信号由 0—100Hz 的多个频带组成，通常使用 0—40Hz 的低频率慢波来分析人类大脑的活动，主要包含 5 个节律波：Delta，Theta，Alpha，Beta 和 Gamma，这些节律波反映了被试不同的心理状态[176]。通过记录被试的 EEG 变化可以间接反映用户认知状态的变化，甚至实现意念操控。

　　事件相关电位（ERPs）是一种具有毫秒级时间分辨率的非侵入性技术，它通常被淹没在大脑的自发节律活动中，是与特定的感觉、认知和运动事件相关的神经反应。由于 ERPs 具有固定的潜伏期和波形，因此，可以通过简单的叠加平均技术从整体脑电图信号中提取相应的 ERPs 成分。在整个任务过程中隐蔽且连续地测量处理能力，使得拥有毫秒级时间分辨率的事件相关电位技术成为回答关于人类思维和大脑神经活动的许多重要问题的最佳可用技术[177]。

第四章 手机新闻 APP 感官体验阶段
用户的视觉认知特性分析

　　当面对越来越多的信息界面时，理解和管理个人的视觉注意力特征变得越来越重要。眼动数据记录可以提供界面评估数据的客观来源，可以为改进的界面设计提供信息支持[178]。Wang 等人（2019）表明眼动追踪在用户研究中是一种有用的技术，特别是在需要用户对各种界面要素的注意力分布进行评价时[179]。本章利用眼动追踪技术记录用户进行界面视觉浏览和视觉搜索任务的眼动行为，以调查用户在移动新闻界面上的视觉浏览和视觉搜索特性。

一、手机新闻 APP 首页界面、搜索界面用户视觉认知实验设计

（一）实验目的

　　在感官体验阶段，用户更多的关注手机新闻 APP 的界面视觉信息，此时界面的设计特征会在一定程度上影响用户的视觉认知特性。一般来说，用户打开移动新闻应用程序主要有两个目的：一是漫无目地浏览最新新闻和信息；另一个是有目地搜索新闻以了解有关某人或某事的更多信息。针对用户不同的使用意图，可能会导致他们不同的视觉行为，界面设计特征如何影响用户视

觉浏览特性和视觉搜索特性？此外，对于带有文本和图片的移动新闻应用程序界面来说，用户是否先注意图片，图片是否吸引更多关注？为解决以上问题，本章采用眼动追踪技术详细探索用户在感官体验阶段的视觉认知特性，具体包括手机新闻 APP 首页界面的视觉浏览特性分析和手机新闻 APP 搜索界面的视觉搜索特性分析。

（二）实验材料

一般来说，色彩是用户体验和界面设计领域中重要的产品属性，它能够在短时间内快速吸引用户注意。已有研究发现用户对颜色编码材料的平均注视时间更长，且颜色编码的材料可以缩短不必要的视觉搜索过程[117,139,140]。同时通过对应用程序商店中移动新闻应用界面的分析可知，不同手机新闻 APP 的界面主色调并不一致，因此选择颜色作为界面设计要素之一。另外，根据企鹅智库 2019 年中国网民新闻消费偏好报告显示，新闻界面的图文报道方式更受用户青睐[141]，因此，确定手机新闻 APP 首页界面新闻呈现方式主要为图文方式，图文布局作为另一界面设计要素进行实验材料的设计。具体来说，对于移动新闻应用的首页界面，其图文布局方式包括三种，即左文本—右图片（LT-RP），左图片—右文本（LP-RT）和上文本—下图片（AT-BP）；界面颜色包含红色和白色两种。采用 2×3 被试内设计，自变量分别为颜色（白色、红色）和布局（左文本—右图片、左图片—右文本、上文本—下图片）。其中，左文本—右图片和左图片—右文本界面的尺寸为 360×1108 像素，上文本—下图片界面的尺寸为 360×1855 像素。每个界面包含十条新闻，每条新闻标题字数 20 个字左右。

在视觉搜索任务中，同样选择界面图文布局（左文本—右图片、左图片—右文本、上文本—下图片）和关键词颜色（黑色和红色）作为界面设计要素，进行实验材料的设计，并控制页面中其他设计要素保持一致。所有新闻内容均与某大学有关，要求被试查找其中关于获奖的新闻数量。在移动新闻应用的六个搜索界面中，所要搜索的目标新闻位置是相同的，为了消除记忆效应，非目标新闻的位置在六个搜索界面之间是不同的。左文本—右图片和左图片—右文本界面的尺寸为 360×2856 像素，上文本—下图片界面的尺寸为 360×4337 像素。其中每个搜索界面包含 25 条新闻，其中包括五条目标新闻和 20 条非目标新闻。实验用手机新闻 APP 通过墨刀（MockingBot）原型设计软件进行应用程序原型设计，并将其以离线文件的格式下载并安装到实验用智能手机上。

（三）实验被试

招募 24 名右利手被试参与实验，剔除其中眼动数据丢失、眼动仪移动太多以及实验过程中外界干扰较大的被试数据，剩余 21 名有效被试（11 名女性，10 名男性），年龄在 21 周岁到 29 周岁之间，平均年龄 24.5 岁，标准差为 2.52。所有被试视力或矫正视力正常，无散光、色盲等眼部疾病，无神经或心理障碍史，且在实验之前，所有被试都使用过手机新闻 APP。

（四）实验设备

实验设备为德国 Senso Motoric Instruments（SMI）公司生产的 ETG 2w 眼镜式眼动仪，采样频率设置为 60Hz。眼镜式眼动仪包含一个场景摄像头和两个瞳孔摄像头，分辨率为 1280×960 像素的场景摄像头用于记录被试的视野，而两个瞳孔摄像头根据每侧六个红外 LED 灯评估的瞳孔位置记录注视信息，还包括视力矫正镜片、惠普数据采集与分析工作站以及两个移动记录单元（分别为三星 Galaxy note 2 手机和联想 Yoga 2 平板电脑）。该设备的注视位置精度为 0.5°，跟踪范围水平 80°，垂直 60°。通过 SMI iView X 2.7 数据采集软件记录被试的眼动数据，并用 BeGaze 3.6 数据分析软件对记录的眼动数据进行分析。一部实验用华为 Nova 手机用于呈现实验材料，手机的主屏幕尺寸为 5.2 英寸，机身长度、宽度、厚度分别为 146.5mm、72mm 和 7.2mm。

（五）实验程序

眼动追踪与生理测量实验具体实验程序如下：

1. 首先主试向被试介绍实验设备，并让被试先简单了解和使用实验设备，然后向被试介绍实验目的及实验流程，并让被试填写实验知情同意书及人口统计学信息。

2. 引导被试坐在实验指定位置，询问被试近视或远视度数，根据被试度数选取相应镜片，并通过磁贴将其固定在眼镜式眼动仪上，然后要求被试自己佩戴好眼镜式眼动仪，并通过适当的鼻托调整眼动仪佩戴的舒适程度，调整好后调节眼镜式眼动仪的头部绑带以固定眼动仪位置。

3. 眼动校准。实验采用三点校准方式，要求被试分别观看手机的左上角、右上角以及左下角，在校准完成后要求被试观看手机屏幕的某处，用于验证校准结果的精准度，如果验证不准确，需要重新进行校准。

4. 预实验。为了避免被试对所呈现实验刺激的首因效应，先进行包含四个类似实验刺激的预实验（包括视觉浏览预实验和视觉搜索预实验），在被试完全熟悉实验流程后，再开展正式实验。

5. 正式实验。预实验之后为被试随机呈现视觉浏览任务的实验材料，视觉浏览任务完成后被试需要进行适当的休息，然后重新进行三点校准，校准后为被试随机呈现视觉搜索任务的实验材料，需要被试对目标新闻进行搜索，被试每完成一个界面的搜索任务，需要向主试汇报搜索目标新闻的数量，直到六个界面搜索任务全部完成即实验结束。

二、实验数据采集与数据处理

（一）实验数据采集

1. 眼动数据采集

通过嵌入式音频和视频捕捉技术，眼镜式眼动仪消除了视觉盲点和音频间隙，它能够提供关于被试视觉轨迹的视频、音频及扫描记录。通过 SMI 公司的 BeGaze 眼动数据分析软件对每个被试与移动新闻应用程序交互的眼睛跟踪视频进行分析，兴趣区域（AOI）在眼动追踪数据分析中发挥重要作用[180]。采集的视频数据以视频帧率 24 帧 / 秒进行呈现，并采用逐帧绘制兴趣区域的方法进行数据处理与分析。

　　对于动态眼动追踪数据，由于兴趣区域的移动性和可变性，定义兴趣区域通常是最耗时的过程。在视觉浏览和视觉搜索任务中，对于左文本—右图片和左图片—右文本界面，将兴趣区域定义为界面中新闻图片、新闻文本和整个移动新闻应用程序界面三个区域；对于上文本—下图片界面，将兴趣区域定义为整个移动新闻应用程序界面一个区域。各兴趣区域的名称见表 4.1，视觉浏览任务中各界面定义的兴趣区域如图 4.1，图 4.2 为视觉搜索任务界面定义的兴趣区域。

表 4.1　视觉浏览和视觉搜索任务中划分兴趣区域的名称

	视觉浏览任务	视觉搜索任务
AOI 1	白色—左图右文—图片	黑色关键词—左文右图—文本
AOI 2	白色—左图右文—文本	黑色关键词—左文右图—图片
AOI 3	白色—左图右文—界面	黑色关键词—左文右图—界面
AOI 4	白色—上文下图—界面	黑色关键词—左图右文—图片
AOI 5	白色—左文右图—文本	黑色关键词—左图右文—文本
AOI 6	白色—左文右图—图片	黑色关键词—左图右文—界面
AOI 7	白色—左文右图—界面	黑色关键词—上文下图—界面
AOI 8	红色—左图右文—图片	红色关键词—左文右图—文本
AOI 9	红色—左图右文—文本	红色关键词—左文右图—图片
AOI 10	红色—左图右文—界面	红色关键词—左文右图—界面
AOI 11	红色—上文下图—界面	红色关键词—左图右文—图片
AOI 12	红色—左文右图—文本	红色关键词—左图右文—文本
AOI 13	红色—左文右图—图片	红色关键词—左图右文—界面
AOI 14	红色—左文右图—界面	红色关键词—上文下图—界面

图 4.1　视觉浏览任务各界面定义的兴趣区域

图 4.2　视觉搜索任务各界面定义的兴趣区域

在视觉浏览任务中，采用 2（颜色：白色、红色）×3（布局：左文本—右图片、左图片—右文本、上文本—下图片）的被试内重复测量方差分析方法对记录的眼动追踪数据进行处理与分析；在视觉搜索任务中，同样采用 2（关键词颜色：黑色、红色）×3（布局：左文本—右图片、左图片—右文本、上文本—下图片）的被试内重复测量方差分析方法对记录的眼动数据进行处理与分析。在进行重复测量方差分析时，对于违反球形假设的情况采用 Greenhouse–Geisser 法对自由度和 p 值进行校正，使用 Bonferroni 校正进行多重比较，并将 α 显著性水平设置为 0.05。

2. 行为数据测量

任务完成时间是被试任务绩效的度量，因此将被试的任务完成时间作为一个因变量考虑在内。在视觉浏览任务中，对被试的浏览时间进行颜色（2 个水平：白色、红色）和布局（3 个水平：左文本—右图片、左图片—右文本、上文本—下图片）的重复测量方差分析。对于视觉搜索任务，对被试的搜索完成时间和搜索准确率进行关键词颜色（2 个水平: 黑色与红色）和布局（3 个水平: 左文本—

右图片、左图片—右文本、上文本—下图片）的双因素重复测量方差分析。

（二）实验数据处理

行为数据通过被试的任务完成时间和搜索准确率来反映，其中任务完成时间用眼动追踪设备记录的视频中任务结束时间与任务开始时间的时间差来衡量。分别计算每个被试在每个实验材料中的任务完成时间及搜索界面完成任务的准确率，并将其录入 Excel 表中，为后续统计分析做准备。

在 Begaze 眼动数据分析软件中进行数据分析时，分别将手机新闻 APP 首页界面和搜索界面的新闻文本、新闻图片和整个界面定义为兴趣区域，采用逐帧绘制的方法对 12 个界面进行兴趣区域绘制。在绘制兴趣区域之前，首先浏览每名被试的眼动数据，确保被试的眼动轨迹保持在手机屏幕范围内且没有较大幅度的偏移；然后对初步筛选合格的 21 名被试的眼动视频数据进行兴趣区域的逐帧绘制；绘制完成后，将各兴趣区域中的眼动数据导出，按照选定的眼动指标进行分别汇总，并剔除数据缺失及异常值。

三、实验数据分析与结果

（一）行为数据分析与结果

通过获取的眼动追踪视频进行分析，计算每个被试视觉浏览任务的任务完成时间，并对其进行颜色（2 个水平：白色、红色）和布局（3 个水平：左文本—右图片、左图片—右文本、上文本—下图片）的双因素重复测量方差分析。重复测量方差分析结果显示被试在不同界面完成视觉浏览任务时，布局的主效应显著 $[F_{(2, 40)} =14.578, ps<0.001, \eta^2=0.422]$，多重比较结果表明上文本—下图片界面（$M=27.372, SD=2.662$）的浏览时间比左文本—右图片（$M=21.378, SD=2.359$）和左图片—右文本（$M=22.889, SD=2.903$）界面的浏览时间更长（$ps<0.01$），白色界面与红色界面的浏览时间未发现显著差异。行为数据结

果表明对于同样的新闻内容，被试需要花费更长时间提取上文本—下图片界面
中的相关信息。

在视觉搜索任务中，通过对被试的搜索时间进行关键词颜色（2 个水平：
黑色、红色）和布局（3 个水平：左文本—右图片、左图片—右文本、上文本—
下图片）的重复测量方差分析，结果表明，关键词颜色 $[F(1, 20)=8.078,$
$p=0.010, \eta^2=0.288]$ 和布局 $[F(2, 40)=4.609, p=0.016, \eta^2=0.187]$ 的主
效应均显著，事后分析显示，与红色关键词界面（$M=35.100, SD=2.404$）相比，
黑色关键词界面的任务完成时间更长（$M=39.253, SD=3.028$）。此外，与左图片—
右文本（$M=37.820, SD=2.967$）和上文本—下图片（$M=34.763, SD=2.673$）界
面相比，左文本—右图片（$M=28.946, SD=2.627$）界面的搜索任务完成时间最
短（$ps<0.05$）。

对于搜索任务的正确率进行的双因素重复测量方差分析结果表明，各界面
之间统计上不存在显著差异。然而，根据图 4.3 各界面搜索任务的正确率，红
色关键词界面和左文本—右图片界面呈现出相对更高的正确率。

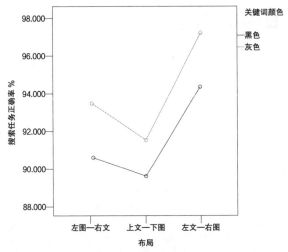

图 4.3　视觉搜索任务中各界面搜索正确率

（二）眼动数据分析与结果

根据之前的研究[181-183]，选择以下眼动指标进行分析：注视次数（兴趣区域内的注视数量）、注视时间比率（兴趣区域内的注视持续时间的总和与总时间的比值）、首次注视持续时间（兴趣区域内第一个注视点的持续时间）和驻留时间比率（兴趣区域内注视时间和眼跳时间的总和与总时间的比值）。

1. 视觉浏览任务眼动数据分析与结果

分别对移动新闻应用程序的界面进行颜色（2 个水平：白色、红色）和布局（3 个水平：左文本—右图片、左图片—右文本、上文本—下图片）的双因素重复测量方差分析，对界面中的新闻图片和界面中的新闻文字进行颜色（2 个水平：白色、红色）和布局（2 个水平：左文本—右图片、左图片—右文本）的双因素重复测量方差分析。

对移动新闻应用的整个界面进行重复测量方差分析。注视次数的分析结果表明，布局呈现出显著的主效应 $[F_{(2, 31)}=16.582, p<0.001, \eta^2=0.453]$，多重比较结果表明上文本—下图片界面（$M=73.262$，$SD=7.713$）的注视次数显著高于左文本—右图片（$M=55.643$，$SD=6.595$）（$p<0.001$）和左图片—右文本（$M=55.286$，$SD=5.689$）（$p=0.001$）界面；对于注视时间比率的分析结果表明，布局的主效应显著 $[F_{(2, 40)}=9.981, p<0.001, \eta^2=0.333]$，事后比较结果显示上文本—下图片界面（$M=4.976$，$SD=0.815$）的注视时间比率显著高于左文本—右图片（$M=3.598$，$SD=0.475$）（$p=0.003$）和左图片—右文本（$M=3.814$，$SD=0.611$）（$p=0.015$）界面；对于驻留时间比率的分析结果发现，布局的主效应显著 $[F_{(2, 40)}=11.024, p<0.001, \eta^2=0.355]$，多重比较结果表明上文本—下图片界面（$M=5.979$，$SD=0.990$）的驻留时间比率显著大于左文本—右图片（$M=4.236$，$SD=0.562$）（$p=0.003$）和左图片—右文本（$M=4.521$，$SD=0.720$）（$p=0.010$）界面；首次注视持续时间的主效应和交互效应均不显著。

计算左文本—右图片和左图片—右文本界面中被试对新闻图片的眼动指标值，对界面中新闻图片的各眼动指标进行双因素重复测量方差分析。其中注视次数的主效应和交互效应均不显著；对于注视时间比率的分析结果表明，颜色的主效应显著 $[F(1, 20)=6.626, p=0.018, \eta^2=0.249]$，事后比较结果显示，与红色界面（$M=0.193, SD=0.038$）相比，被试对白色界面（$M=0.321, SD=0.063$）中新闻图片的注视时间比率更高；对于驻留时间比率的分析结果表明，颜色的主效应显著 $[F(1, 20)=5.701, p=0.027, \eta^2=0.222]$，多重比较显示，被试对白色界面（$M=0.333, SD=0.066$）中新闻图片的驻留时间比率比红色界面（$M=0.205, SD=0.042$）更高；对于首次注视持续时间的分析结果发现，颜色和布局的交互效应显著 $[F(1, 20)=5.589, p=0.028, \eta^2=0.218]$，简单效应分析结果表明，对于左文本—右图片的布局方式，被试对白色界面（$M=228.195, SD=202.609$）中新闻图片的首次注视持续时间比红色界面（$M=134.724, SD=107.700$）（$p=0.033$）更长。

分别对左文本—右图片和左图片—右文本两种布局方式的界面中新闻文本的各项眼动指标值进行重复测量方差分析。其中，注视次数的主效应和交互效应均不显著；对于文本的注视时间比率的分析结果表明，颜色的主效应显著 $[F(1, 20)=4.692, p=0.043, \eta^2=0.190]$，多重比较结果表明，与红色界面（$M=2.576, SD=0.379$）相比，被试对白色界面（$M=3.390, SD=0.572$）中新闻文本的注视时间更长；对于文本的驻留时间比率，颜色的主效应显著 $[F(1, 20)=4.631, p=0.044, \eta^2=0.188]$，事后比较结果表明，被试对于白色界面（$M=3.924, SD=0.658$）中新闻文本的驻留时间比率高于红色界面（$M=3.017, SD=0.468$）；对于文本的首次注视持续时间，颜色的主效应显著 $[F(1, 20)=4.665, p=0.043, \eta^2=0.189]$，事后比较结果表明，被试对白色界面（$M=300.333, SD=39.135$）中新闻文本的首次注视持续时间比红色界面（$M=216.329, SD=18.979$）更长。

2. 视觉搜索任务眼动数据分析与结果

分别对移动新闻应用程序的界面进行关键词颜色（2 个水平：黑色、红色）

和布局（3 个水平：左文本—右图片、左图片—右文本、上文本—下图片）的双因素重复测量方差分析，对界面中的新闻图片和界面中的新闻文字进行关键词颜色（2 个水平：黑色、红色）和布局（2 个水平：左文本—右图片、左图片—右文本）的双因素重复测量方差分析。

对移动新闻应用整个界面的眼动数据进行双因素重复测量方差分析。注视次数的分析结果呈现了显著的交互效应［$F_{(2, 22)}$=4.587，p=0.042，η^2=0.187］，简单效果分析表明，在左文本—右图片布局方式下，被试对于黑色关键词界面（M=132.619，SD=58.137）的注视次数多于红色关键词界面（M=92.000，SD=40.061）（p<0.001），在左图片—右文本布局方式下，被试对黑色关键词（M=115.286，SD=49.102）和红色关键词界面（M=102.762，SD=45.835）的注视次数呈现具有临界显著（p=0.051）；对于注视时间比率的分析结果显示，关键词颜色和布局存在显著的交互效应［$F_{(2, 23)}$=5.480，p=0.025，η^2=0.215］，简单效应分析显示，在左文本—右图片布局方式下，对黑色关键词界面（M=6.710，SD=2.468）的注视时间比率大于红色关键词界面（M=4.738，SD=1.642）（p<0.001）。此外，针对黑色关键词界面来说，被试对左文本—右图片（M=6.710，SD=2.468）布局方式的注视时间比率大于左图片—右文本（M=5.900，SD=1.826）（p=0.046）；对于界面的驻留时间比率的分析结果显示，关键词颜色和布局之间存在显著的交互效应［$F_{(2, 23)}$=5.587，p=0.023，η^2=0.218］，简单效果分析显示，在左文本—右图片布局方式下，被试对黑色关键词界面（M=8.157，SD=3.138）的驻留时间比率大于红色关键词界面（M=5.743，SD=2.056）（p<0.001）；首次注视持续时间分析结果表明，关键词颜色存在显著的主效应［$F_{(1, 20)}$=6.704，p=0.018，η^2=0.251］，多重比较结果显示，被试对红色关键词界面（M=242.208，SD=24.391）的首次注视持续时间大于黑色关键词界面（M=182.778，SD=11.731）。

对界面中新闻图片的各项眼动指标值的关键字颜色（2 个水平：黑色、红色）和布局（2 个水平：左图片—右文本、左文本—右图片）进行双因素重复测量方差分析。对于注视次数的分析结果显示，关键词颜色存在显著的主效应 [$F(1, 20)=12.320$, $p=0.002$, $\eta^2=0.381$] 和交互效应 [$F(1, 20)=5.870$, $p=0.025$, $\eta^2=0.227$]，简单效应分析表明，在左文本—右图片布局方式下，被试对黑色关键词界面（$M=7.619$, $SD=9.173$）中图片的注视次数大于红色关键词界面（$M=2.429$, $SD=3.458$）（$p=0.005$）。此外，对于左文本—右图片界面（$M=5.024$, $SD=1.264$）中图片的注视次数大于左图片—右文本界面（$M=2.667$, $SD=0.838$）（$p=0.033$）；对于注视时间比率的分析结果表明，关键词颜色的主效应 [$F(1, 20)=4.720$, $p=0.042$, $\eta^2=0.191$] 和交互效应显著 [$F(1, 20)=8.180$, $p=0.010$, $\eta^2=0.290$]，简单效应分析表明，在左文本—右图片布局方式下，对黑色关键词界面（$M=0.386$, $SD=0.445$）中图片的注视时间比率显著高于红色关键词界面（$M=0.114$, $SD=0.217$）（$p=0.002$），针对关键词为黑色的界面来说，被试对左文本—右图片界面（$M=0.386$, $SD=0.445$）中图片的注视时间比率高于左图片—右文本界面（$M=0.143$, $SD=0.234$）（$p=0.013$）；对于驻留时间比率的分析结果表明，关键词颜色的主效应 [$F(1, 20)=4.830$, $p=0.040$, $\eta^2=0.195$] 和交互效应显著 [$F(1, 20)=9.023$, $p=0.007$, $\eta^2=0.311$]，简单效果分析表明，在左文本—右图片布局界面中，被试对黑色关键词界面（$M=0.400$, $SD=0.456$）中图片的驻留时间比率高于红色关键词界面（$M=0.119$, $SD=0.238$）（$p=0.002$），而在黑色关键词界面中，被试对左文本—右图片界面（$M=0.400$, $SD=0.456$）中图片的驻留时间比率比左图片—右文本界面（$M=0.152$, $SD=0.271$）（$p=0.011$）更大；对于首次注视持续时间的重复测量方差分析结果表明，关键词颜色和界面布局的主效应和交互效应均不显著。

对界面中文本的眼动指标值进行双因素重复测量方差分析。注视次数的分析结果表明，关键词颜色的主效应显著 [$F(1, 20)=28.999$, $p<0.001$, $\eta^2=0.592$]，事后比较显示被试对于黑色关键词界面（$M=111.405$, $SD=9.774$）中文本的注视次数多于红色关键词界面（$M=88.262$, $SD=7.916$）；注视时间比率的分析结果表明，关键词颜色的主效应显著 [$F(1,$

20）=29.052，$p<0.001$，$\eta^2=0.592$]，多重比较显示，被试对于黑色关键词界面（$M=5.600, SD=0.372$）中文本的注视时间比率高于红色关键词界面（$M=4.555$，$SD=0.339$）；对于驻留时间比率的分析结果显示，关键词颜色的主效应显著 [$F(1,20)=25.437$，$p<0.001$，$\eta^2=0.560$]，事后分析表明，被试对黑色关键词界面（$M=6.721$，$SD=0.469$）中文本的驻留时间比率大于红色关键词界面（$M=5.469$，$SD=0.416$）；对于首次注视持续时间的分析结果显示，关键词颜色的主效应显著 [$F(1,20)=5.058$，$p=0.036$，$\eta^2=0.202$]，多重比较的结果表明，被试对于红色关键词界面（$M=269.812$，$SD=28.346$）中文本的首次注视持续时间大于黑色关键词界面（$M=202.060$，$SD=16.303$）。

四、实验结果讨论

随着移动互联网的飞速发展，新闻和信息的来源发生了迅速而复杂的变化[97]。年轻一代逐渐倾向于从移动新闻平台获取新闻，而非电视、电脑、报纸或广播等传统方式。智能手机和平板电脑等移动设备使新闻资讯的获取变得更容易，并已经全面渗透到人们的日常生活中[185]。用户对移动应用界面的第一印象主要源于界面视觉信息的刺激，因此，了解用户的视觉浏览特性和视觉搜索特征对于开发更具吸引力、可用性更好的移动新闻应用程序至关重要。下面分别从视觉浏览特性和视觉搜索特性两方面对用户的视觉特性进行讨论。

（一）视觉浏览特性讨论

众所周知，视觉加工在人们的日常生活中非常重要，因为从周围世界中获取的大约80%的信息来自眼睛，然后人们不断环顾四周并使用视觉输入来指导人们的行为[186]。根据视觉注意力和认知负荷理论可知[187,188]，个体具有有限的视觉注意力资源和认知资源。在信息超载的当代，人们每天会接触众多的移动界面，应用程序开发商竞争的焦点是如何快速吸引更多用户关注他们的界面。在这场眼球大战中，了解用户视觉特征的企业拥有着更多的主动权，更能设计出符合用户认知需求的产品。

本章的研究结果表明，与左文本—右图片和左图片—右文本界面相比，上文本—下图片界面表现出更多的注视次数、更大的注视时间比率和驻留时间比率，可能是由于上文本—下图片界面具有更大的尺寸以及更多的新闻图片，视觉上比其他两种布局方式的界面更复杂。这一结果与以往的研究结果相似，即Scott 和 Hand（2016）关于社交网站 Facebook 浏览策略的研究表明，视觉上更复杂的区域往往会获得更多的用户注视和更长的浏览时间[142]，同时，Wang 等（2014）从认知负荷角度关于网页界面复杂度的研究也表明，复杂度高的网页界面会表现出更大的注视次数以及更长的任务完成时间[42]。另外，已有研究表明，用户在低复杂度网页界面进行新闻的自由浏览相对更容易，且比高复杂度界面需要更少的认知资源[189]。这与本书中被试的行为数据分析结果一致，即与左文本—右图片和左图片—右文本界面相比，被试在更复杂的上文本—下图片界面上的浏览时间更长，分配的注意力更多。

通常，注视次数和注视持续时间是衡量注意力分配和用户认知处理的最常用指标[113,153]。注视持续时间是花费在某一个特定位置的时间，反映了被试对其的关注程度[190]，能够表明用户的认知活动及视觉注意。Luan 等（2016）将注视持续时间用于测量用户在购买不同类型的产品（功能型产品和体验型产品）时对不同评价内容（基于产品属性的评价和基于产品体验的评价）反映的积极性，即在兴趣区内更长的注视持续时间表明对评价信息更高的挖掘、参与、理解程度，也对兴趣区内的评价更感兴趣[113]。本书中被试对不同手机新闻 APP 首页界面的新闻文本和图片的注视时间比率、驻留时间比率和首次注视持续时间存在显著差异。与红色界面相比，被试对于白色界面中新闻文本和图片的首次注视持续时间更长，表明被试首先被白色界面所吸引或者需要更长的时间对白色界面中的信息进行提取与处理。另外，还发现被试对白色界面中新闻文本和图片的注视时间比率和驻留时间比率更大。根据 Yantis 和 Egeth（1999）的研究结果可知，如果显著特征与当前任务不相关，则该显著特征并不能自动吸引用户关注[191]。尽管相对于白色界面来说，红色界面的颜色信息相对更显著，但是这种显著特征与浏览新闻的任务并不相关，故红色界面不能主动吸引更多的用户关注。因此，白色界面获得更多用户关注的可能原因之一是白色界面比红色界面更吸引人；另一可能的解释是被试需要花费更多的时间对白色界面中的信息进行提取和加工。一般来说，用户对某一新闻图片或文字的关注越多，他们点击这一新闻的可能性越大。因此，对于界面设计师来说，移动新闻 APP 的首页界面的主色调可以考虑设置为不显著的白色，以避免其他显著颜色对用户注意力的分散。另外，根据表 4.2 呈现的数据可知，与手机新闻 APP 首页界面的新闻图片相比，不论新闻界面的颜色和布局方式如何，被试更多地关注新闻文本信息，新闻图片只吸引了被试较少的注意力。

（二）视觉搜索特性讨论

在视觉营销中，"看不见的售不出"意味着未被消费者注意的产品将不会销售出去，这表明消费者的选择过程受信息视觉搜索的显著影响[194]。根据观眼知心假说，当一个人正在观察时，这意味着他或她正在感知、思考或关注某些事物，通过追踪眼球的运动可以识别用户的认知加工过程[153]。

在视觉搜索任务中，不同布局方式的手机新闻 APP 搜索界面的注视次数、注视时间比率和驻留时间比率等眼动指标均存在显著差异。具体来说，与红色关键词搜索界面相比，被试对黑色关键词界面中新闻图片、新闻文本和整个搜索界面的注视时间比率和驻留时间比率更大、注视次数更多。一般来说，注视持续时间揭示了用户对目标的心理努力[195]，Tzafilkou 和 Protogeros（2017）认为，较长的注视可能会揭示出用户采取特定行动（点击）的模糊性和犹豫性，及其感知系统有用性的困难程度[178]。已有研究发现，任务越困难，被试的注视时间越长、注视次数越多[158,196]。在搜索界面中，除关键词外的其他新闻文本字体颜色均为黑色，如果关键词颜色也设置为黑色，则达不到突出显示的效果，被试在搜索目标新闻时存在一定的难度，可能需要花费更多的认知努力去提取相关信息。因此，与红色关键词搜索界面相比，黑色关键词搜索界面表现出更大的注视时间比率、驻留时间比率和更多的注视次数。同时，被试的搜索效率也佐证了上述结论，即被试在红色关键词界面的搜索效率高于黑色关键词界面的搜索效率。

另外，当界面关键词颜色为黑色时，被试对左文本—右图片布局方式的整个搜索界面的注视时间比率更大，对该界面中新闻图片的注视时间比率和驻留时间比率更大。按照上述分析来看，由于左文本—右图片界面的注视时间比率更大，用户对左文本—右图片布局方式的搜索界面信息的提取应该更困难，需要花费更多的心理努力，且该布局方式下用户完成任务的搜索效率应该最低。然而，根据图 4.6 可知，用户在左文本—右图片布局的搜索界面下搜索效率不是最低，反而是三种布局方式中搜索效率最高的。产生这种现象的原因可能是，用户对于搜索目标的定位主要是通过搜索界面中的新闻文本内容，非新闻图片内容，由于用户对左文本—右图片搜索界面中的新闻图片的注视时间比率更大，才造成用户对左文本—右图片布局方式搜索界面的注视时间比率更大。

事实上，一个物体所获取的注意力多少表明了对其进行加工处理所需的认知负荷，更复杂或更重要的部分往往需要并且也会得到用户更多的关注[142]。在本书中，与黑色关键词搜索界面相比，被试对于红色关键词搜索界面中的新闻文本和整个搜索界面的首次注视持续时间更长。Just 和 Carpenter（1976）的研究表明，用户对于某物体产生的较长的注视持续时间表明该物体在某种程度上更具吸引力[153]。因此，红色关键词搜索界面可能更具吸引力。根据 Goldberg 和 Kotval（1999）的研究可知，设计良好的界面应该提供足够的线索，以引导用户用较少的注意力快速扫描并识别出所需目标[163]。在本书中，新闻搜索界面中文本的字体颜色为黑色，即更明显的红色关键词往往比黑色关键词更能够快速地吸引更多的用户关注。另外，在所有视觉元素中，颜色在吸引注意力和传达线索方面是最成功的，尤其是在设计和艺术领域，且颜色还能够诱导用户的情感和感受以及可用性方面的感知[72]。因此，搜索界面中所搜索的关键词颜色应该设计为更明显的颜色，与新闻文本中其他字体颜色有所区分。此外，根据被试完成视觉搜索任务的行为数据分析结果可知，左文本—右图片布局方式界面和红色关键词界面的搜索时间最短且搜索的准确率最高。

五、管理启示

为了进一步明确手机新闻 APP 感官体验阶段用户的视觉认知特性研究结果对于移动应用程序开发人员在进行界面设计时的实践指导与参考作用，下面将依据本章的研究结果给出本章研究的管理启示，具体如下：

1. 根据视觉注意力理论，由于视觉注意力的有限性，人们倾向于在面对巨大的信息时压缩浏览时间[187]。在移动用户界面设计时，为了避免认知过载以及用户的迷失，需要充分考虑简单性这一重要原则[197]。另外，根据中国互联网络信息中心发布的第 45 次互联网络发展报告显示，2019 年 12 月，网络新闻 APP 用户每天的使用时间的高峰时段包括 8 点、12 点、17 点和 21 点左右。因此，在上下班高峰期，用户往往希望在短时间内获得更多的新闻或信息，此时左文本—右图片和左图片—右文本两种布局方式可以满足用户紧迫的时间需求，也可以在以上两种布局方式中穿插一些纯文本新闻，让用户在短时间有限的界面内获取更多新闻资讯。在午休期间和晚上睡觉前，用户通常在没有时间限制的情况下浏览新闻，此时上文本—下图片布局方式可以更好地满足用户想要深度了解某些感兴趣新闻的需求。

2. 值得注意的是，在视觉浏览和视觉搜索任务中，相比手机新闻 APP 首页界面和搜索界面中的新闻图片，被试对新闻文本的关注更多。这一发现与以往在广告和旅游图片中的研究一致，即与图片相比，用户对文字的关注更多[190,198-200]。因此，应用程序开发人员应该将图文并茂界面中的新闻文本内容设计得更加清晰、有序、易辨认，避免在用户与 APP 接触的早期阶段因为文字设计不佳而导致用户流失。另外，如果移动应用程序界面为图片导向型，则应用程序开发设计人员应该设计更吸引用户的图片，以便图片内容能够快速吸引更多的用户关注。

3. 在视觉浏览和视觉搜索任务中，无论界面的布局方式和颜色搭配如何，大多数被试首先注意到的都是界面中的新闻文本，然后再关注界面中的新闻图片。Hughes 等（2003）的一项研究也发现了类似的现象，即与搜索结果中的

图片相比，大多数被试首先查看搜索结果中的文本信息[114]。另外，本研究的
21 名有效被试中，有 19 名被试在进行视觉浏览和视觉搜索任务时，采用双手
持手机底部且使用右手拇指进行操作的方式。因此，根据用户的使用习惯，为
了避免用户手指对界面中新闻文本内容的遮挡，左文本—右图片的布局方式比
上文本—下图片和左图片—右文本的布局方式更优。开发设计人员在进行手机
新闻 APP 以及其他文本导向型的图文并茂的 APP 设计时，可以考虑将文本信
息设计在界面的左侧区域，图片信息设计在界面的右侧区域。当前研究的发现
不仅丰富了移动应用程序界面设计的相关研究，而且为用户的视觉处理行为提
供了新的发现。

第五章 手机新闻 APP 感官体验阶段用户的脑认知特性分析

随着智能手机和移动互联网的快速发展，移动用户更喜欢使用移动应用程序而不是通过浏览器来进行互联网访问服务[202]，这就导致可满足用户多样化需求的移动应用程序如雨后春笋般涌现，且大部分移动用户表示在他们的日常生活中移动应用程序的使用是不可避免的[203]。目前，手机新闻 APP 正在成为用户获取新闻和信息的重要途径，它具有方便、高效的特点，可以满足用户的碎片化阅读需求。通常，用户可以对所呈现的界面进行评价以决定是继续浏览还是关闭它，即使在认知资源有限和评价动机低（非任务驱动）的情况下，也会自动地、无意识地对移动界面进行评价。由于这种自动评价的过程往往是短暂、无意识的，这就导致自动评价的过程难以捕捉[201]。鉴于此，本章采用事件相关电位技术，从设计要素角度对手机新闻 APP 首页界面的自动评价过程进行研究，以探索用户的脑认知特性。

一、手机新闻 APP 首页界面用户脑认知实验设计

（一）实验目的

众所周知，无意识注意和评价的处理是大脑内部的状态，无法轻易测

量。事件相关电位（ERPs）是一种具有较高时间分辨率的用于记录和测量大脑认知加工活动的非侵入性技术[204]。大量研究表明，事件相关电位技术可以反映用户的自动评价过程，例如 Huang 等（2015）利用事件相关电位技术研究用户如何快速地在可用性和愉悦度两个评价维度上对网页形成印象，研究结果表明，在网页印象的形成过程中，用户可以对愉悦度进行自动评价，而不能对可用性进行自动评价[205]。Li 等（2015）利用事件相关电位技术，在没有明确评价任务说明的情况下，研究了用户对汉字字体的隐性审美偏好[67]。Ma 等（2015）利用事件相关电位方法探讨了不同建筑物结构的内隐审美评价过程，为建筑物的设计提供了神经学方面的指导[71]。已有研究发现，ERPs 的某些成分如 P2 和 N2 成分等能够反映用户的认知和评价过程，具体来说，Wang 等（2012）采用事件相关电位技术评价了吊坠的美学体验，研究发现丑的吊坠比漂亮的吊坠诱发了更大的P2 波[70]。此外，P2 波对情绪刺激也很敏感[206]（Carretié 等，2004），Tommaso 等（2008）使用事件相关电位研究了物体的美学感知，研究结果表明丑陋的物体比美丽的物体诱发了更负的 N2 成分[115]。此外，研究表明，物理刺激特征（如颜色，刺激大小和复杂性）可能引发用户自动的注意评价过程，这表现为早期和晚期情感 ERPs 成分的差异[207-209]。鉴于此，本章考虑利用事件相关电位技术研究用户对手机新闻 APP 首页界面进行自动评价的过程。

本章利用事件相关电位技术，采用非任务驱动的被动浏览方式，探索被试对手机新闻 APP 首页界面的自动、无意识评价过程的脑机制。采用双因素被试内实验设计，自变量为界面布局（3 个水平：左图片—右文本、左文本—右图片和上文本—下图片）和界面颜色（2 个水平：红色和白色），因变量为各脑区相关脑电成分的平均波幅值。通过对脑电数据的分析，研究手机新闻 APP首页界面自动评价过程的脑认知特性。

（二）实验材料

色彩是人们日常生活中不可分割的一部分，它的存在在人们所感知到的一切事物中都很明显[210]。另外，根据目前移动应用市场的手机新闻 APP 首页界面设计，新闻内容呈现区域最明显的区别主要是首页界面中新闻文本和图片的相对位置。因此，与第四章实验材料相同，本章实验材料选取颜色和布局作为两个设计要素，其中颜色包括两个水平，布局包括三个水平，同时控制首页界面中其他设计要素的一致性。最终，设计实验刺激材料为六个（布局 3 个水平：左文本—右图片、左图片—右文本、上文本—下图片；颜色 2 个水平：红色、白色）手机新闻 APP 首页界面，且所有实验刺激设置为 425 × 855 像素，以模拟智能手机屏幕的实际尺寸，如图 5.1 所示。

红色 左文本-右图片　　红色 左图片-右文本　　红色 上文本-下图片　　白色 左文本-右图片　　白色 左图片-右文本　　白色 上文本-下图片

图 5.1　六个手机新闻 APP 首页界面

（三）实验被试

实验被试为 16 名健康的某大学学生（其中女性 8 人），年龄在 23—29 周岁之间（平均年龄 25.12 周岁）。所有被试均为右利手，视力或矫正视力正常，且无精神病史，无精神或心理疾病史。实验前要求被试得到充分休息，心情放松，避免剧烈的体力及脑力活动，以确保被试在实验中能够始终保持清醒状态。所有被试均在自愿情况下参与本实验，且在实验前均签署知情同意书，一旦实验开始，所有被试均未中途停止实验。

（四）实验设备

实验设备为美国 NeuroScan 公司生产的 EEG/ERPs 多导联神经电生理分析定位系统，主要包括 SynAmps2 高精度放大器，Ag/AgCl 电极的 Quikcap 64 导联电极帽，两台台式计算机，其中一台计算机上的 Curry Neuroimaging Suite 7.0.7 X 脑电信号记录软件用于记录被试的原始脑电数据，另外一台计算机上的 E-prime 2.0 professional 心理实验系统软件用于呈现实验程序并记录被试的行为数据，还有一个单独的显示器用于呈现实验刺激材料，数据分析软件为 Curry Neuroimaging Suite 7.0.7 SBA，其他辅助材料包括磨砂膏、导电膏、医用纸胶带、钝性针头注射器、棉签、纸巾、毛巾、中性洗发水和吹风机等。

（五）实验程序

邀请被试到实验室后首先要求其用中性温和洗发水清洗头发，确保头皮干净，方便降低头皮阻抗。然后引导被试坐在密闭、灯光柔和的电屏蔽实验室中，以防止电磁对实验数据的干扰，被试与呈现实验刺激的电脑显示器之间的距离约为 75 厘米。刺激呈现在显示器屏幕中央，与被试眼睛的视觉角度为 10.5° × 7.5°。实验采用 Oddball 范式，即要求被试仅对随机出现的小概率靶刺激进行鼠标左键点击操作，点击之后刺激图片马上消失。其中大概率的非靶刺激是六个移动新闻 APP 首页界面，每个实验刺激随机呈现 40 次，共 240 个试次，持续时间设置为 1000ms，非靶刺激呈现时无须被试进行点击等行为操作。靶刺激为随机呈现的占比 20%（60 次）的花卉图片，且图片尺寸与非靶刺激图片尺寸相同，刺激间隔在 1000 到 1200ms 之间随机取值变化。

在正式实验之前进行预实验，预实验刺激材料与正式刺激材料不同，以帮助被试更好地了解并适应实验任务。刺激呈现序列图如图 5.2 所示，首先为被试呈现实验指导语，待被试完全了解实验程序之后，呈现 1000—1200ms 随机取值的空白屏幕，然后呈现靶刺激花卉图片或非靶刺激手机新闻 APP 首页界面，当出现靶刺激时要求被试尽可能快地点击鼠标左键，否则无须被试进行鼠标点击操作。该实验共包括 300 个试次，为了避免被试过度疲劳，每 50 个试次设定一次休息，被试可自由决定休息时间，整个实验持续时间为 40 分钟左右（包括正式实验前的准备工作时间）。在脑电实验结束之后，要求被试对试验中所呈现的六个手机新闻 APP 首页界面的效价进行 1 到 7 级打分，其中 1 代表消极，4 代表中性，7 代表积极。

图 5.2　实验刺激序列图

二、实验数据采集与数据处理

（一）实验数据采集

该实验采用 EEG/ERPs 多导联神经电生理分析定位系统进行，使用 0.05—100Hz 的带通放大 EEG 和 EOG 信号，设置采样频率为 1000Hz。采用 64 导电极帽，电极位置安放基于国际 10–20 电极导联定位标准，记录 24 个银电极上镀氯的氯化银（Ag/AgCl）电极的 EEG 信号，记录电极为图 5.3 中标黑的电极点。实验中将参考电极置于左侧乳突上，同时记录右侧乳突电极的数据，垂直眼电的记录电极位于左眼眶上下 1.5 厘米处，水平眼电的记录电极位于双眼外侧 1.5 厘米处，每个电极的导电膏注射量为 0.5 毫升左右，且所有被试的所有电极阻抗需保持 5KΩ 以下才能开展实验。

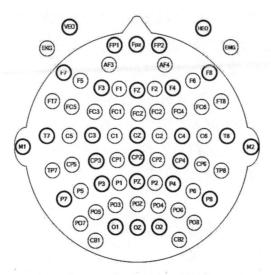

图 5.3　实验中记录的电极点

（二）实验数据处理

在对获取的脑电数据进行离线分析时，主要步骤如下：

1. 参考电极转换。对于每个被试，将 EEG 记录时的左侧乳突参考转换为平均乳突参考，即左右乳突信号的算术平均值作为参考，重新计算各电极点的脑电信号[177]。

2. 基线校正。为了消除脑电信号相对基线的偏离或漂移，需要进行基线校正，通常选取基线校正的时程为拟分析时程的 1/10—1/5，本书选取刺激呈现前 200ms 的脑电数据作为基础值，将刺激呈现后的脑电信号电位值与这一基础值相减，完成基线校正。

3. 滤波。设置带通高斯滤波（0.05—30Hz）进行数字滤波。

4. 伪迹剔除。采集的脑电数据通常混杂着眼电、肌电、皮电信号等伪迹，使用自动伪迹剔除方法消除检测到的眼球运动、眨眼或肌肉电位的试次，去除所有波幅超过 ±100μV 的脑电记录信号。

5. 叠加平均。分析时程设置为刺激呈现前 200ms 到刺激呈现后 800ms，共1000ms，对每个电极点和每个实验状态进行脑电数据的叠加平均计算。

对平均波幅值进行被试内重复测量方差分析，对于违反球形假设的情况采用 Greenhouse–Geisser 进行校正，使用 Bonferroni 校正多重比较的结果，且将所有统计的显著性水平 α 水平设置为 0.05。

三、实验数据分析与结果

（一）主观数据分析与结果

根据被试对手机新闻 APP 首页界面的效价评价结果，六个首页界面的效价平均得分如图 5.4 所示。根据被试的效价评分进行布局（3 个水平：左文本—右图片、左图片—右文本、上文本—下图片）和颜色（2 个水平：红色、白色）的双因素重复测量方差分析。结果显示，布局的主效应显著 [$F(2,30)$ =29.707, $p<0.001$, η^2=0.664]，多重比较结果表明，与左图片—右文本（M=4.063, SD=0.232）和上文本—下图片界面（M=3.469, SD=0.196）相比，左文本—右图片界面（M=5.813, SD=0.213）的效价得分最高（$p<0.001$）。但是，红色界面和白色界面之间没有发现显著差异。

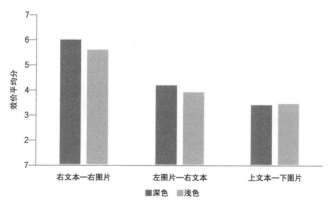

图 5.4　手机新闻 APP 首页界面的效价平均分

（二）脑电数据分析与结果

首先将所有被试在红色和白色新闻 APP 首页界面的波幅值进行叠加平均，得到各电极点的 ERPs 总平均图，根据界面颜色的 ERPs 总平均图可以看出，红色和白色界面的 ERPs 总平均图在各电极点处基本没有显著差异，因此，本书只针对界面布局方式的差异进行分析。根据图 5.5 的三种界面布局方式的 ERPs 总平均图以及前人对视觉诱发 ERPs 的相关研究[211,212]，选择以下几个时间窗中相关成分的脑电数据进行重复测量方差分析：80—120ms、120—180ms 和 160—220ms。其中，80—120ms 时间窗内在顶区和颞—顶区发现 P1波，120—180ms 时间窗内在中央—顶区和枕区发现 N1 波，160—220ms 时间窗内在额区、侧额区、颞区和中央区发现 N2 波。在预先定义的时间窗内对不同 ERPs 成分的平均波幅进行双因素重复测量方差分析，每个重复测量方差分析包含界面布局（左文本—右图片、左图片—右文本、上文本—下图片）和大脑偏侧性（左半球、右半球）两个因素。

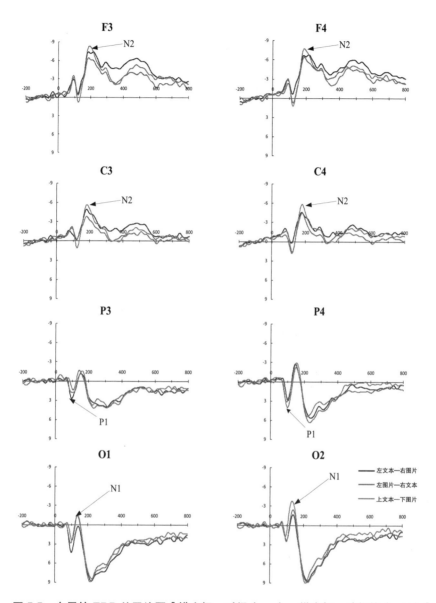

图 5.5　布局的 ERP 总平均图 [横坐标：时间（ms）；纵坐标：波幅值（μV）]

1.P1（80—120ms）

刺激呈现后的 80—120ms：这一时间窗的脑电成分为顶区和颞—顶区的 P1 波。对平均波幅值进行布局和大脑偏侧性的双因素重复测量方差分析结果表明：

（1）布局的主效应不显著［$F_{(2,30)}$=0.784，p=0.466，η^2=0.050］。

（2）大脑偏侧性的主效应不显著［$F_{(1,15)}$=2.935，p=0.107，η^2=0.164］。

（3）布局和大脑偏侧性之间的交互效应显著［$F_{(2,18)}$=25.294，p<0.001，η^2=0.628］，简单效应分析结果显示，在大脑左半球，左文本—右图片界面比左图片—右文本界面诱发了更正的P1波（p=0.004），在大脑右半球，左图片—右文本界面比左文本—右图片界面诱发了更大的 P1 波（p=0.016），对于左图片—右文本界面，大脑右半球的 P1 比大脑左半球更大（p<0.001）。

2.N1（120—180ms）

刺激呈现后 120—180ms：这一时间窗脑电成分为中央—顶区和枕区的 N1波。对平均波幅值进行布局和大脑偏侧性的双因素重复测量方差分析结果显示：

（1）布局的主效应显著［$F_{(2,30)}$=7.581，p=0.002，η^2=0.336］，Bonferroni 多重比较结果表明，与左图片—右文本界面和上文本—下图片界面相比，左文本—右图片界面诱发的 N1 波最小。

（2）大脑偏侧性的主效应不显著［$F_{(2,30)}$=4.370，p=0.054，η^2=0.226］。

（3）布局和大脑偏侧性的交互效应显著［$F_{(2,30)}$=3.994，p=0.029，η^2=0.210］，简单效应分析结果表明，在大脑左半球和右半球，左图片—右文本界面比左文本—右图片界面诱发的 N1 波更大（ps<0.05）；对于左文本—右图片界面和上文本—下图片界面，大脑右半球显示出比左半球更负的 N1 波（ps<0.05）。

3.N2（160—220ms）

刺激呈现后 160—220ms：这一时间窗的脑电成分为侧额区、额区、中央区和颞区的 N2 波。对平均波幅值进行布局和大脑偏侧性的双因素重复测量方差分析结果显示：

（1）布局主效应显著［$F_{(2,30)}$=6.624，p=0.004，η^2=0.306］，多重比

较结果表明,左文本—右图片界面比左图片—右文本界面(p=0.014)和上文本—下图片界面更小(p=0.015)。

（2）大脑偏侧性的主效应不显著[F(1,15)=0.246,p=0.627,η^2=0.016]。

（3）布局和大脑偏侧性的交互效应不显著[F(2,30)=0.905,p=0.415,η^2=0.057]。

四、实验结果讨论

日常生活中,人们对移动界面的认知加工都是在非任务驱动下进行的,评价动机往往较低。本章的研究目的是利用事件相关电位技术调查用户是否可以在没有明确指示的情况下对手机新闻 APP 首页界面进行自动、无意识的评价。研究结果显示,被试可以对具有不同布局的手机新闻 APP 的首页界面进行自动评价,而不能自动识别界面颜色的差异。具体表现为:在 80—120ms 时间窗内,在大脑左半球,左文本—右图片界面比左图片—右文本界面诱发了更正的 P1 波,在大脑右半球,左图片—右文本界面比左文本—右图片界面诱发了更大的 P1 波,对于左图片—右文本界面,大脑右半球的 P1 波比左半球更正;在 120—180ms 时间窗内,与左文本—右图片界面相比,左图片—右文本界面比左文本—右图片界面诱发的 N1 波更大,对于左文本—右图片界面和上文本—下图片界面,大脑右半球显示出比左半球更负的 N1 波;在 160—220ms 时间窗内,上文本—下图片界面比左文本—右图片界面和左图片—右文本界面诱发了更负的 N2 波。

在视觉 ERPs 成分中,刺激呈现后 60ms 到 90ms 以及 100ms 到 130ms 之间在枕区会观察到 P1 成分,随后会在 100ms 到 150ms 之间观察到前部 N1 成分,在 150ms 到 200ms 之间在头皮后部观察到 N1 成分。P1 和 N1 主要对感觉刺激的物理特征（例如颜色、亮度和对比度）比较敏感,并且在外部视觉皮层中表示早期的感觉处理,同时,它们也被证明受到注意力的显著影响[64,213]。另外，P1 成分主要受到空间注意的影响，能够反映用户的识别加工。已有研究显示，P1 通常被认为是最早的视觉 ERPs 成分，它对空间信息中的处理比较敏感[214,215]。发现在 80—120ms 时间窗内的 P1 波，其布局和大脑偏侧性之间的交互效应显著，不同的手机新闻 APP 首页界面诱发的存在显著差异的 P1 波表明，被试可以识别所呈现刺激的物理特征的差异，也能识别出界面布局的空间差异（即界面中新闻文本和新闻图片相对位置的变化）。

120—180ms 时间窗内，与左文本—右图片界面相比，左图片—右文本和上文本—下图片界面诱发了更大的 N1 波，但是左图片—右文本和上文本—下图片界面诱发的 N1 波之间不存在显著差异。N1 波通常与情绪刺激的早期视觉处理有关[216]，且受到注意力资源和努力分配的影响[216]，也对刺激感知特征的选择和分类比较敏感[214]。此外，已有研究表明，与积极和中性图片相比，消极图片引起更大的 N1 波，表明认知加工的早期阶段存在“消极偏好”[217]，这种“消极偏好”可以解释为被试对消极刺激的注意力资源快速分配的结果。也就是说，负面信息可能在情感内容加工中占据更大的特权[218]。根据被试对实验刺激的主观效价评分结果可知，左图片—右文本和上文本—下图片界面可以看作消极刺激，左文本—右图片界面可以作为积极刺激。因此，与之前的研究结果一致，本书的研究表明，与左文本—右图片界面相比，象征消极刺激的左图片—右文本和上文本—下图片界面诱发了更大的 N1 波。换言之，更多的注意力资源被分配给左图片—右文本和上文本—下图片界面，反映了对以上两种界面的自动接近倾向。

根据大脑半球偏侧化的两种理论假说可知，右半球假说认为大脑右半球主要用于处理积极情感和消极情感[173]，而效价假说则认为大脑右半球主要负责处理消极情感，大脑左半球主要负责处理积极情感[219]。在本章的研究中；在 80—120ms 时间窗内，左文本—右图片界面（积极刺激）表现出左半球优势，左图片—右文本界面（消极刺激）表现出右半球优势，这与效价假说一致，即积极刺激主要在大脑左半球进行加工,消极刺激的加工主要在大脑右半球进行。

然而，在 120—180ms 时间窗内对于左文本—右图片界面（积极刺激）和上文本—下图片界面（消极刺激），大脑右半球比左半球表现出更大的 N1 波，这可以解释为大脑右半球在情感刺激的自动处理中占据重要的作用[220]。因此，在 120—180ms 时间窗口内，右半球假说得到支持。因此，与前人的研究结果一致，本章研究结果中右半球假说和效价假说都得到了支持，即右半球假说和效价假设可能并不是相互违背的[174,175]。

对于 160—220ms 时间窗口内的脑电数据的重复测量方差分析结果表明，布局的主效应显著，即上文本—下图片界面诱发的 N2 波大于左文本—右图片界面和左图片—右文本界面。一般来说，N2 波反映了对任务相关刺激属性（颜色、形状等）或者生物相关刺激（存在潜在危险的刺激）偏好性的选择性注意[221]，对刺激的显著性[177]和反应冲突[222]比较敏感，反映了对显著刺激的自动和控制的注意力分配[223]，且可能与感觉处理最后阶段的注意力分配相关[64]。另外，N2 也被认为与焦虑相关，Righi 等（2009）的研究表明更高的焦虑水平表现出更大的 N2 振幅[116]。与其研究结果一致，在本书中，上文本—下图片界面由于比其他两种布局方式的界面呈现了更多的图片，容易造成用户的视觉混乱，可能导致被试的焦虑和消极情绪，因此导致上文本—下图片界面诱发的 N2 波最大。也有研究表明，N2 波能够反映情感刺激的差异[206,212,224,225]，对刺激的效价比较敏感[226]，且消极刺激比积极刺激诱发的 N2 波更大[227]，即低效价（消极）刺激吸引了更多的用户注意力，占用了用户更多的注意资源。此外，Tommaso 等人（2008）表明，与美丽的物体相比，丑陋的物体诱发了更大的 N2 波[115]。在本章的研究中，根据被试的自我报告结果可知，包含更多图片的上文本—下图片界面在视觉上比左文本—右图片界面和左图片—右文本界面更复杂、更混乱，可以将其看作视觉上丑陋的消极刺激。因此，与前人的研究结果一致，在本书中，与左文本—右图片界面和左图片—右文本界面相比，上文本—下图片界面诱发了更大的 N2 波。

然而，在本章的研究中手机新闻 APP 首页界面的颜色特征没有诱发 ERP 成分的差异。根据被试的主观报告，大部分被试表明他们在刺激呈现时，并没有发现所呈现的手机新闻 APP 首页界面之间存在颜色差异。对于这种现象的可能解释是，手机新闻 APP 首页界面的颜色特征在整个页面中占比比较小，如图 5.1 所示，手机新闻 APP 首页界面的颜色特征（主要表现为界面顶部导航栏位置）占整个首页界面的一小部分，仅占整个界面的七分之一左右，而界面布局特征（表现为界面中央信息呈现位置）在整个首页界面中占据较大部分。另外，实验中由于刺激材料的呈现速度较快，且被试没有任何明确的评价任务指示，人们的感知系统无法对界面中呈现的所有信息同时进行详细加工，被试会自动无意识地对界面中的信息进行选择性注意。因此，被试只注意到了手机新闻 APP 首页界面中较明显的布局差异，而忽略了不那么明显的界面颜色差异。

五、管理启示

为了进一步明确本章的研究结果对于应用程序开发人员在进行开发设计应用程序界面时的实践指导与参考作用，下面将依据本章的研究结果给出本章研究的管理启示。

研究结果表明，用户能够自动评价手机新闻 APP 首页界面的布局差异，即被试的注意力资源分配主要受到手机新闻 APP 首页界面中布局要素的影响，并自动忽略界面中不太明显的颜色要素差异。研究成果可以帮助手机新闻应用程序开发设计人员在移动界面开发阶段比较不同原型的设计优劣程度。在进行手机新闻应用程序的开发设计时，应该更加注重界面中的布局方式的设计，在保证界面布局设计良好的情况下，可以考虑界面的主色调的设计。

根据被试对手机新闻 APP 首页界面的主观效价评价可知，效价得分最高的左文本—右图片界面可以看作是积极刺激，效价得分相对较低的左图片—右文本和上文本—下图片界面可以被认为是消极刺激。研究结果表明被试对消极刺激存在"偏好"，且消极刺激往往在注意力资源的分配中占有更多的优先权，但是在进行移动应用程序界面设计时，需尽量避免设计这种消极刺激，由于消极刺激可能会进一步诱发用户的厌烦、焦虑等消极情感，并进一步影响用户的使用行为。因此，新闻 APP 首页界面布局方式应设计为更受用户偏好的左文本—右图片形式。另外，左文本—右图片和左图片—右文本界面相比，上文本—下图片界面中每条新闻所占的位置更大，对于同一条新闻呈现内容过多往往导致一屏呈现新闻数量少于其他两种布局方式界面的现象。在信息过载的当代，用户注意力更多地分散在各种社交及购物 APP 上，尽量简洁地呈现更多新闻信息对于用户来说可以在短时间内获取更多的新闻资讯，尤其是在用户时间较紧迫、外界环境嘈杂、网络信号不好的情况下，比如早晚上下班高峰期，此时应尽量避免上文本—下图片的界面布局方式。

第六章　手机新闻 APP 交互体验阶段用户的视觉认知和脑认知特性分析

智能手机、平板电脑等移动通讯终端设备改变了人们消费新闻的方式[93]，移动界面也大大简化了用户访问和共享新闻的过程。通常，用户与移动 APP 的交互是一个复杂、连续、动态的过程，为了探究这一动态交互过程中用户的视觉认知特性和脑认知特性，保证被试与手机新闻 APP 交互的连贯性，本章利用眼镜式眼动仪和脑电 EEG 记录设备设计眼动、脑电 EEG 融合的实验。

一、手机新闻 APP 交互界面用户视觉认知和脑认知实验设计

（一）实验目的

本章采用被试内重复测量的实验设计，即要求每个被试接受所有水平的实验处理，探究用户与手机新闻 APP 进行交互操作过程中用户的生理、心理及行为变化，进而为获得更好的用户体验提供参考和指导。由于用户与手机新闻 APP 的交互过程中涉及首页界面、新闻详情页界面和新闻分享界面等多个界面，且每个界面包含多个设计要素及其设计水平，因此本章研究只

考虑用户交互体验的总体感受，利用可用性和美学两个常见维度对用户交互体验进行衡量，故考虑设计两款交互体验存在明显差异的手机新闻 APP 作为实验材料，不对具体的某些设计要素进行正交设计。因此，以手机新闻 APP 交互体验阶段的用户交互体验水平（高、低）作为自变量，因变量为用户主观评价数据、行为绩效数据、眼动追踪技术测得的各个眼动指标值（主要包括注视次数、注视时间、注视时间比率、驻留时间比率）和 EEG 各节律波的相对能量值（主要包括 Alpha 波、Beta 波、Theta 波、Delta 波和 Gamma 波）。

（二）实验材料

交互任务的手机新闻 APP 界面主要包括首页界面、新闻详情页界面和新闻分享界面，由于交互界面中涉及的设计要素较多，为了避免用户的记忆效应及疲劳现象，故设计两款用户体验存在较大差异（用户交互体验高和用户交互体验低）的手机新闻 APP，以探究交互体验阶段用户的视觉认知特性和脑认知特性。

根据第四章及第五章的研究结果可知，手机新闻 APP 首页界面常见的三种布局方式中，左文本—右图片的界面布局方式最符合大部分用户的视觉认知特性及脑认知特性，故将交互任务中首页界面的图文布局方式设定为左文本—右图片的形式，并控制首页界面新闻文本和图片内容一致，然后利用焦点小组访谈法，参考现有应用程序市场的手机新闻 APP 的新闻详情页界面和分享页界面设计方式进行本章相应界面的设计，具体差异如表 6.1 所示。

表 6.1　手机新闻 APP 各类界面设计要素及其水平

新闻 APP 界面	设计要素	用户交互体验水平高	用户交互体验水平低
首页界面	新闻文本字号	17	12
	各条新闻是否对齐	是	否
	是否有弹出广告	否	是

续表

新闻 APP 界面	设计要素	用户交互体验水平高	用户交互体验水平低
详情页界面	新闻文本字体	不倾斜—不带下画线	倾斜—带下画线
	新闻文本字体颜色	黑色	灰色
	页面中广告数量	1	4
分享页界面	分享方式图标颜色	彩色	灰色

利用墨刀（MockingBot）原型设计软件进行交互体验阶段手机新闻 APP 的设计，根据表 6.1 选定的设计要素水平分别进行两款手机新闻 APP 原型设计，将设计的原型下载并安装到实验用华为 Nova 手机上，供后续实验使用。

（三）实验被试

实验被试为 22 名健康的某大学学生（其中女性 12 人，男性 10 人），年龄在 23—29 周岁之间（平均年龄 24.27 周岁）。所有被试均为右利手，视力或矫正视力正常，且无精神病史，无精神或心理疾病史。实验前要求被试得到充分休息，保持心情放松，避免剧烈的体力及脑力活动，确保其在实验中能够始终保持清醒状态。所有被试均在自愿情况下参与本实验，且在实验前均已签署知情同意书。由于其中 3 名被试的眼动数据存在缺失以及眼动轨迹的偏离较大，同时剔除其眼动追踪数据及脑电数据，剩余有效被试 19 名，其中女性被试 9 名，男性被试 10 名。实验一旦开始，所有被试均没有中途中止实验。

（四）实验设备

眼动追踪实验设备描述详见第四章，脑电 EEG 实验设备描述详见第五章，此处不再赘述。另外，一部实验用华为 Nova 手机用于呈现两款用户体验存在差异的手机新闻 APP，以实现被试与新闻 APP 的交互，手机的主屏幕尺寸为 5.2英寸，机身长度、宽度、厚度分别为 146.5mm、72mm 和 7.2mm。

（五）实验程序

在为被试详细讲解实验目的及过程之后，需要进行如下操作：

1. 被试进入实验室之后需要使用中性温和的洗发水清洗头部，并用吹风机吹干，以降低头皮阻抗；

2. 根据被试的头围选取适合的电极帽，以 Cz 电极点为矢状线和冠状线连线中点进行电极帽的佩戴；

3. 对选定的各记录电极点进行导电膏的注射，保证每个电极点的阻抗均降到 5kΩ 以下；

4. 为眼睛近视的被试佩戴好具有合适度数的眼镜式眼动仪，并通过适当的鼻托调整眼动仪佩戴的舒适程度，调整好后调节眼镜式眼动仪的头部绑带以固定眼动仪的位置；

5. 实验采用三点校准方式确保准确追踪被试的瞳孔，即要求被试分别观看手机屏幕的左上角、右上角以及左下角，在校准完成后要求被试观看手机屏幕的某处，用于检验校准结果的精准度，如果验证不准确，则需要重新进行校准直到验证准确为止。

以上实验操作步骤完成之后，进行正式实验，要求被试分别在两个手机新闻 APP 中完成同样的实验任务，具体实验任务要求如下：

1. 要求被试保持静息状态休息 1 分钟；

2. 打开手机新闻 APP，上下滑动浏览该新闻 APP 的首页界面；

3. 点击指定的新闻标题，进入新闻详情页界面阅读该条新闻内容，并浏览整个新闻详情页界面；

4. 收藏该条新闻，并查看该新闻 APP 支持的分享方式，即浏览新闻分享页界面各分享方式的图标；

5. 返回首页界面。

实验结束后要求被试分别对两款手机新闻 APP 进行可用性和美学的 7 级打分，其中 1 代表所操作新闻 APP 的可用性或美学非常差，4 代表中性，7 代表操作新闻 APP 的可用性或美学非常好，并用可用性和美学评价得分的平均值来衡量该手机新闻 APP 交互体验水平的高低。

二、实验数据采集与数据处理

（一）实验数据采集

脑电实验采用EEG/ERPs多导联神经电生理分析定位系统进行，使用0.05—100Hz 的带通放大 EEG 和 EOG 信号，设置采样频率为 500Hz。采用 64 导电极帽，电极位置安放基于国际 10—20 电极导联定位标准，记录 24 个 Ag/AgCl 电极的 EEG 信号，记录电极包括前额区（FP1，FPZ，FP2）、额区（F3，FZ，F4）、侧额区（F7，F8）、颞区（T7，T8）、中央区（C3，CZ，C4）、中央—顶区（CP3，CPZ，CP4）、顶区（P3，PZ，P4）、颞—顶区（P7，P8）和枕区（O1，OZ，O2）。实验中将参考电极置于左侧乳突上，同时记录右侧乳突电极的数据，垂直眼电的记录电极位于左眼眶上下 1.5 厘米处，水平眼电的记录电极位于双眼外侧 1.5 厘米处，接地电极位于 FPZ 和 FZ 的连线中点，每个电极的导电膏注射量为 0.5 毫升左右。

眼动数据的采集通过德国 SMI 公司生产的 ETG 2w 眼镜式眼动仪进行，通过三点设置对被试的瞳孔定位进行校准，以保证实验采集的视频、音频等数据的准确性。实验中要求被试尽量减少身体的大幅度活动。

（二）实验数据处理

1.脑电数据处理

实验采集的脑电信号非常敏感，会受到来自体内和体外干扰源的污染，且被试的眼动、眨眼和肌肉活动等伪迹也会对采集的脑电数据产生显著影响，因此，需要对采集的原始脑电数据进行预处理，去除其中包含的伪迹，以得到可靠的脑电数据。脑电数据预处理步骤具体如下：

（1）数据预览。在数据分析软件 Curry Neuroimaging Suite 7.0.7 SBA 中分别打开采集到的每名被试的原始脑电数据，通过鼠标的移动从头到尾浏览数据，如果某段数据存在严重的漂移，则将此段数据标记为伪迹，予以手动删除。

（2）数字滤波。将脑电数据导入分析软件中，将采样率降为 250Hz，并分别以 0.5Hz 和 70Hz 进行高通和低通滤波。另外，由于电源及日光灯等均采用市电供电（我国的工频干扰是 50Hz），因此在采集的脑电信号中存在 50Hz 电磁波的干扰，数字滤波的目的是消除这种工频干扰，提高信噪比。

（3）伪迹去除。由于实验中被试的眨眼及眼动等行为是不可避免的，导致采集到的脑电信号数据中包含大量的眼动、肌电和心电等伪迹，因此，需要采用独立成分分析方法分离并剔除眼电信号及肌电信号等伪迹，并将信号还原为纯净的信号。

（4）参考电极转换。将参考电极转换为左右乳突的算数平均值，重新计算各电极点的脑电信号。

（5）脑电数据分段。根据实验条件的设置，将采集的脑电数据进行分段处理，分为用户体验高的手机新闻 APP 交互操作阶段和用户体验低的手机新闻 APP 交互操作阶段，共两段脑电数据。

本书中采用脑电 EEG 时—频域分析方法将得到的 EEG 数据通过小波变换提取出各节律波，并计算各节律波的相对能量值。其中公式 6.1 主要用于计算各节律波能量值，公式 6.2 用于计算各节律波相对能量值，具体如下：

$$E_b = \sum_{i=1}^{t} |x_i|^2 \qquad （6.1）$$

$$p_b = \frac{E_b}{\sum_b E_b} \qquad （6.2）$$

其中，$i=1,2,\cdots,t$，$|x_i|$ 表示在时间点 i 上节律波幅值的绝对值，b 表示不同的节律波，E_b 表示不同节律波的节律能量值，P_b 表示不同节律波的相对能量值。

2.其他数据处理

交互体验阶段的评价主要由界面的可用性决定，界面美学对用户体验的评价也存在一定的影响，因此，考虑将可用性和美学作为这一阶段衡量用户交互体验的指标。将被试对两款手机新闻 APP 的可用性和美学评价数据录入 Excel 表中，为后续统计分析做准备。

行为数据通过被试的任务完成时间来反映，即眼动追踪设备记录的视频中任务结束时间与任务开始时间的时间差。

在 Begaze 眼动分析软件中进行数据分析时，分别将手机新闻 APP 的首页界面、新闻详情页界面和新闻分享页界面定义为兴趣区域，采用逐帧绘制的方法分别对两款手机新闻 APP 的三个界面进行兴趣区域绘制。

三、实验数据分析与结果

（一）主观评价数据分析与结果

将被试对两款手机新闻 APP 的可用性评价和美学评价进行汇总，分别对被试的美学和可用性评价得分进行配对样本 T 检验，结果如表 6.2 所示，在美学和可用性方面，用户交互体验高的手机新闻 APP 得分值均显著高于用户交互体验低的手机新闻 APP。

表 6.2　两款手机新闻 APP 的美学和可用性评价得分的配对样本 T 检验

主观评价	用户交互体验高的手机新闻 APP		用户交互体验低的手机新闻 APP		t	df	p
	均值	标准差	均值	标准差			
美学评价	5.579	0.692	2.579	0.769	10.880	18	<0.001
可用性评价	5.526	0.612	2.526	0.905	12.406	18	<0.001

（二）行为绩效数据分析与结果

用户在两款手机新闻 APP 的首页界面、新闻详情页界面和新闻分享页界面的任务完成时间进行配对样本 T 检验。分析结果表明，与用户交互体验低的手机新闻 APP 相比，用户交互体验高的手机新闻 APP 的首页界面任务完成时间更短（$P=0.004$），新闻分享页界面任务完成时间更长（$P < 0.001$），虽然新闻详情页界面任务完成时间不存在显著差异，但是从均值来看，用户交互体验高的新闻详情页界面的任务完成时间更长。另外，在两款手机新闻 APP 中各个界面完成任务的总时间也不存在显著差异。

（三）眼动数据分析与结果

根据已有研究的相关成果，选定进行分析的眼动指标主要包括注视次数、注视时间比率、驻留时间比率、注视时间、首次注视持续时间和平均注视持续时间[44,119,166,189,195]。采用配对样本 T 检验分别对两款手机新闻 APP 的首页界面、新闻详情页界面和新闻分享页界面的眼动数据进行分析处理，并将 α 显著性水平设置为 0.05。

1. 两款手机新闻 APP 的首页界面眼动数据分析

两款手机新闻 APP 首页界面的各眼动指标的配对样本 T 检验结果如表 6.3 所示，结果表明，被试在两款手机新闻 APP 首页界面上的注视次数、注视时间比率、驻留时间比率和注视时间上均存在显著的差异。具体地，被试在用户交互体验高的手机新闻 APP 首页界面上的注视次数、注视时间、注视时间比率和驻留时间比率均小于用户交互体验低的手机新闻 APP 首页界面上的各项眼动指标值，而首次注视持续时间和平均注视持续时间不存在显著差异。

表 6.3 两款手机新闻 APP 首页界面各眼动指标的配对样本 T 检验

眼动指标	用户交互体验高的首页界面		用户交互体验低的首页界面		t	df	p
	均值	标准差	均值	标准差			
注视次数 /n	25.368	21.660	42.632	22.598	-3.050	18	0.007
注视时间比率 /%	2.190	1.588	3.579	1.590	-3.176	18	0.005
驻留时间比率 /%	2.516	1.844	4.163	1.792	-3.265	18	0.004
注视时间 /ms	8095.042	6656.435	13188.921	7109.034	-2.973	18	0.008
首次注视持续时间 /ms	333.658	302.636	267.968	297.146	1.180	18	0.253
平均注视持续时间 /ms	322.311	59.519	322.758	88.846	-0.026	18	0.980

2. 两款手机新闻 APP 的新闻详情页界面眼动数据分析

两款手机新闻 APP 的新闻详情页界面各眼动指标值进行配对样本 T 检验分析，结果表明，被试在两款手机新闻 APP 新闻详情页界面上的平均注视持续时间存在显著差异（$P=0.003$），即在用户交互体验高的手机新闻 APP 新闻详情页界面上的平均注视持续时间（$M=279.063$，$SD=55.291$）小于用户交互体验低的新闻详情页界面上的相应值（$M=304.063$，$SD=65.843$）。注视次数、注视时间比率、驻留时间比率、注视时间和首次注视持续时间在两款手机新闻 APP 新闻详情页界面之间并未发现显著差异。虽然统计学上不存在显著差异，但是从两款手机新闻 APP 的新闻详情页界面的各项眼动指标平均值来看，用户交互体验高的手机新闻 APP 新闻详情页界面的注视次数、注视时间比率、驻留时间比率和注视时间均大于用户交互体验低的新闻详情页界面的相应眼动指标值，而用户交互体验高的新闻详情页界面的首次注视持续时间小于用户交互体验低的新闻详情页界面的眼动指标值。

3. 两款手机新闻 APP 的新闻分享页界面眼动数据分析

两款手机新闻 APP 新闻分享页界面的眼动指标的配对样本 T 检验结果如表 6.4 所示，分析结果表明，被试在两款手机新闻 APP 新闻分享页界面上的注视次数、注视时间比率、驻留时间比率和注视时间之间存在显著差异，即被试在用户交互体验高的手机新闻 APP 新闻分享界面上的注视次数、注视时间、注视时间比率和驻留时间比率均大于用户交互体验低的手机新闻分享界面上各项眼动指标的相应值，但是首次注视持续时间和平均注视持续时间在两款手机新闻 APP 新闻分享页界面之间无显著差异。

表 6.4　两款手机新闻 APP 新闻分享页界面眼动指标的配对样本 T 检验

眼动指标	用户交互体验高的新闻分享页界面		用户交互体验低的新闻分享页界面		*t*	*df*	*p*
	均值	标准差	均值	标准差			
注视次数 /n	10.947	7.307	3.105	2.865	4.522	18	<0.001
注视时间比率 /%	1.090	0.945	0.463	0.719	4.905	18	<0.001
驻留时间比率 /%	1.226	1.049	0.490	0.766	4.929	18	<0.001
注视时间 /ms	3477.779	2278.444	1204.211	904.914	4.813	18	<0.001
首次注视持续时间 /ms	196.163	99.206	206.700	169.514	−0.220	18	0.828
平均注视持续时间 /ms	320.510	132.894	375.884	295.431	−0.718	18	0.482

（四）脑电数据分析与结果

本章的脑电数据主要分为三段，即休息阶段、用户交互体验高的手机新闻 APP 交互操作阶段和用户交互体验低的手机新闻 APP 交互操作阶段。分别对两款手机新闻 APP 交互体验过程中的 Alpha、Beta、Delta、Gamma 和 Theta 节律波的相对能量值进行配对样本 T 检验。具体分析结果如下：

1.Alpha 节律波相对能量值

两款手机新闻 APP 在各电极点处的 Alpha 节律波相对能量值进行配对样本 T 检验分析，结果表明，用户交互体验高的手机新闻 APP 的 Alpha 波相对能量值在电极点 C3（$P=0.045$）、CZ（$P=0.044$）和 CPZ（$P=0.024$）处显著大于用户交互体验低的手机新闻 APP 的 Alpha 波相对能量值，其他电极点处两款手机新闻 APP 的 Alpha 节律波相对能量值均不存在显著差异。

2.Beta 节律波相对能量值

利用两款手机新闻 APP 在各电极点处的 Beta 节律波相对能量值进行配对样本 T 检验，结果表明，用户交互体验高的手机新闻 APP 的 Beta 波相对能量值在电极点 OZ 处显著小于用户交互体验低的手机新闻 APP 的 Beta 波相对能量值，其他电极点处两款手机新闻 APP 的 Beta 节律波相对能量值均不存在显著差异。

3.Delta 节律波相对能量值

两款手机新闻 APP 在各电极点处的 Delta 节律波相对能量值进行配对样本 T 检验，结果表明，用户交互体验高的手机新闻 APP 的 Delta 波相对能量值在电极点 OZ（$P=0.047$）处显著大于用户交互体验低的手机新闻 APP 的 Delta 波相对能量值，其他电极点处两款手机新闻 APP 的 Delta 波相对能量值均不存在显著差异。

4.Gamma 节律波相对能量值

两款手机新闻 APP 在各电极点处 Gamma 节律波的相对能量值进行配对样本 T 检验，结果表明，在所有电极点处两款手机新闻 APP 的 Gamma 节律波相对能量值均不存在显著差异，虽然统计学上不存在显著差异，但是从两款手机新闻 APP 的 Gamma 节律波相对能量值可以看出，用户交互体验高的手机新闻 APP 的 Gamma 节律波相对能量值更低。

5.Theta 节律波相对能量值

利用软件绘制的两款手机新闻 APP 的 Theta 波相对能量值地形图如图 6.1 所示。两款手机新闻 APP 在各电极点处的 Theta 节律波相对能量值的配对样本 T 检验结果如表 6.5 所示，结果表明，用户交互体验高的手机新闻 APP 的 Theta 波相对能量值在电极点 C4、CP4、PZ 和 P4 处显著大于用户交互体验低的手机新闻 APP 的 Theta 波相对能量值；在电极点 F3 和 CPZ 处，两款手机新闻 APP 的 Theta 节律波相对能量值达到临界显著水平；其他电极点处两款手机新闻

APP 的 Theta 节律波相对能量值均不存在显著差异。

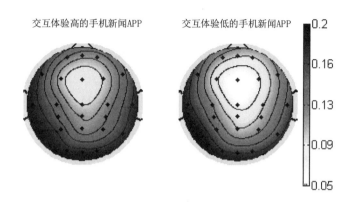

图 6.1　Theta 波相对能量值地形图

表 6.5　各电极点的 Theta 节律波相对能量值的统计情况

电极点	用户交互体验高的手机新闻 APP		用户交互体验低的手机新闻 APP		t	df	p
	均值	标准差	均值	标准差			
FP1	0.130	0.050	0.109	0.035	1.883	18	0.076
FPZ	0.119	0.057	0.100	0.035	1.537	18	0.142
FP2	0.116	0.058	0.092	0.043	1.730	18	0.101
F3	0.102	0.059	0.072	0.010	2.101	18	0.050
F7	0.155	0.041	0.143	0.033	1.344	18	0.196
FZ	0.073	0.069	0.047	0.032	1.419	18	0.173
F4	0.097	0.062	0.067	0.044	1.974	18	0.064
F8	0.133	0.057	0.112	0.047	1.624	18	0.122
T7	0.177	0.032	0.170	0.021	1.095	18	0.288
T8	0.167	0.042	0.151	0.031	1.726	18	0.101

电极点	用户交互体验高的手机新闻 APP		用户交互体验低的手机新闻 APP		t	df	p
	均值	标准差	均值	标准差			
C3	0.139	0.048	0.121	0.038	1.675	18	0.111
CZ	0.093	0.065	0.060	0.046	1.948	18	0.067
C4	0.128	0.056	0.098	0.048	2.252	18	0.037
CP3	0.148	0.041	0.132	0.032	1.762	18	0.095
CPZ	0.114	0.057	0.087	0.041	2.088	18	0.051
CP4	0.135	0.048	0.106	0.039	2.308	18	0.033
P3	0.158	0.037	0.142	0.024	1.807	18	0.088
PZ	0.124	0.054	0.099	0.039	2.192	18	0.042
P4	0.143	0.047	0.117	0.035	2.178	18	0.043
P7	0.184	0.036	0.184	0.023	0.002	18	0.998
P8	0.174	0.062	0.159	0.051	1.606	18	0.126
O1	0.178	0.039	0.174	0.030	0.736	18	0.471
OZ	0.182	0.043	0.172	0.033	1.713	18	0.104
O2	0.177	0.049	0.169	0.038	1.101	18	0.286

四、实验结果讨论

用户与手机 APP 的交互操作是一个动态变化的过程，本章利用眼动和脑电 EEG 结合的实验设计方法对用户与手机新闻 APP 交互体验阶段的视觉认知特性和脑认知特性进行研究，具体结果讨论如下。

（一）行为数据结果讨论

被试的行为数据结果显示，与用户交互体验低的手机新闻 APP 相比，用户交互体验高的手机新闻 APP 的首页界面任务完成时间更短、新闻分享页界面任务完成时间更长，虽然新闻详情页界面任务完成时间在统计学上不存在显著差异，但是从均值来看，用户体验高的新闻详情页界面的任务完成时间更长。由于用户交互体验低的手机新闻 APP 首页界面有弹出广告，且需要被试手动关闭，因此其任务完成时间相对更长。用户体验高的手机新闻 APP 的新闻分享页界面对用户更有吸引力，其得到的用户关注更多，故表现出更长的任务完成时间。另外，针对用户交互体验低的手机新闻 APP 的新闻详情页界面，其页面底部没有用户评论、相关新闻推荐等内容，取而代之的是重复出现的广告，根据广告盲视现象可知，人们倾向于忽略界面中他们认为是广告内容的部分。因此，本章的研究中，被试可能忽略了用户交互体验低的新闻详情页界面底部的广告内容，只浏览了界面的新闻文本内容，故其任务完成时间小于用户体验高的新闻详情页界面。

（二）眼动数据结果讨论

眼动数据分析结果表明，与用户交互体验低的手机新闻 APP 相比，用户交互体验高的手机新闻 APP 的首页界面表现出更少的注视次数，更短的注视时间比率、驻留时间比率和注视时间，用户交互体验高的手机新闻 APP 新闻详情页界面表现出更短的平均注视持续时间，用户交互体验高的新闻 APP 新闻分享页界面表现出更多的注视次数，更长的注视时间比率、驻留时间比率和注视时间。

一般来说，人的眼球对于特定区域的注视表明用户对该区域注意力资源的分配[228]，即对所呈现信息的心理加工[153]。Luan 等（2016）的研究表明，对于兴趣区域更长的注视时间说明用户对兴趣区域内的信息进行加工时，需要更深入地挖掘与理解，或者是对该兴趣区域更感兴趣[113]。也有研究表明，注视时间反映用户对于界面信息的提取难度，注视时间越长，表明用户提取信息越困难、效率越低[229]。注视次数反映用户执行某一项任务时需付出的认知努力，注视次数越多，表明用户付出的认知努力越多，认知负荷越大，更高的注视次数表明用户找到相关信息的搜索效率更低，设计糟糕的界面往往会误导用户，从而产生更多的注视次数[163]。驻留时间是指兴趣区域中注视时间和眼跳时间的总和，驻留时间比率即驻留时间占总时间的比率。在本章的研究中，由于用户交互体验低的手机新闻 APP 的首页界面有广告弹出，且弹出广告需要被试手动进行关闭，这可能导致被试的困惑、反感或迟疑，从而表现出更多的注视次数、更长的注视时间和驻留时间比率，行为数据结果进一步佐证了上述结果，即用户交互体验低的手机新闻 APP 的首页界面任务完成时间更长。

平均注视持续时间通常与认知加工过程有关，是表明认知加工难度的测量指标，更长的注视时间表明被试提取信息时需要花费更多的时间去分析和理解该兴趣区域的内容，即被试需要更多的心理努力去完成实验中设置的任务[161,163]。Tzafilkou 和 Protogeros（2017）的研究表明，感知易用性与注视次数和平均瞳孔直径显著相关，感知可用性与平均注视持续时间显著相关，即平均注视持续时间越长，感知可用性可能越差[178]。与其研究结论相似，本章的研究表明，用户交互体验水平低的新闻详情页界面表现出更长的平均注视持续时间。导致这一现象可能的原因是，用户交互体验高的新闻详情页界面，由于布局清晰、合理、广告少，界面的美学和可用性水平较高，更容易诱发用户的积极情感，而用户体验低的新闻详情页界面，布局相对混乱、不易辨认、界面广告多，且新闻文本字体为斜体、字体颜色为不易读取的灰色，对于被试来说，其界面的美学和可用性更差,需要花费更多的时间及认知努力去识别新闻内容，容易使被试产生厌烦、焦虑等消极情感，因此，用户交互体验低的新闻详情页界面表现出更长的平均注视时间。

关于手机新闻 APP 的新闻分享页界面的研究结果表明，与用户交互体验水平低的新闻分享页界面相比，用户交互体验水平高的新闻分享页界面表现出更多的注视次数，更长的注视时间、注视时间比率和驻留时间比率。与本章的研究结果相似，Guo 等（2019）的研究表明，用户对于高视觉美学的台灯分配了更多的注意力，表现出更大的驻留时间比率和注视时间比率[119]。另外，Ozcelik 等（2009）关于颜色编码在多媒体学习中的研究发现，彩色的学习材料比灰色的学习材料吸引了更多学习者的注视，即颜色编码吸引了学习者对感知显著信息的更多关注[117]。与其研究一致，本章也得出了类似的结论，即与新闻分享页界面的灰色图标相比，用户对新闻分享页界面彩色图标的关注更多。

（三）脑电数据结果讨论

本章的脑电 EEG 实验结果表明，用户交互体验高的手机新闻 APP 的 Alpha 波相对能量值在电极点 C3、CZ 和 CPZ 处显著大于用户交互体验低的手机新闻 APP 的 Alpha 波相对能量值；用户交互体验高的手机新闻 APP 诱发的 Beta 波相对能量值在电极点 OZ 处显著小于用户交互体验低的手机新闻 APP 诱发的 Beta 波相对能量值；用户交互体验高的手机新闻 APP 诱发的 Delta 波相对能量值在电极点 OZ 处显著大于用户交互体验低的手机新闻 APP 诱发的 Delta 波相对能量值；用户交互体验高的手机新闻 APP 诱发的 Theta 波相对能量值在电极点 F3、C4、CP4、PZ 和 P4 处显著大于用户交互体验低的手机新闻 APP 诱发的 Theta 波相对能量值。

额叶 EEG 偏侧化是指大脑左侧额叶与右侧额叶 α 波节律活动强度的差异，已有大量学者的研究发现，额叶 EEG 偏侧化与情绪调节相关[230,231]。本章脑电实验的研究结果表明用户体验高的手机新闻 APP 诱发的 Alpha 节律波相对能量值比用户体验低的手机新闻 APP 诱发的 Alpha 节律波相对能量值更大。Guo 等（2019）利用眼动和脑电实验结合的方法对台灯的视觉美学进行的研究表明，高视觉美学的台灯诱发的 α 波节律活动比低视觉美学的台灯诱发的 α 波节律活动更高[119]。也有研究表明，当被试处于愉悦状态时，大脑的 α 波节律活动明显强于不愉悦状态[232]。与上述研究成果类似，在本章的研究中，用户交互体验高的手机新闻 APP 的界面更美观，诱发的用户情感更积极，即用户愉悦度越高，因此表现出更强的 Alpha 节律波相对能量值。

一般来说，大脑 β 波活动较强的人常常表现出情绪不稳定、精神易紧张、较固执、容易冲动且易疲劳等特点。袁海云（2014）的研究表明相对于不愉悦状态，被试在愉悦状态的 β 波节律活动明显更低[232]。与其研究结果相似，本章脑电实验的研究结果表明，用户交互体验高的手机新闻 APP 诱发的 β 波相对能量值显著小于用户体验低的手机新闻 APP 的 β 波相对能量值。在本书中，与用户交互体验高的手机新闻 APP 相比，用户交互体验低的手机新闻 APP 的首页界面布局混乱、无序，且弹出广告，可能诱发用户的不愉悦情感；用户体验低的新闻 APP 的新闻详情页界面由于字体倾斜、带下画线且颜色为不易辨认的灰色，这就导致用户在完成新闻阅读任务时，对新闻文字的辨认和信息提取过程需要分配更多的注意力资源，加之新闻详情页面底部的广告较多，可能使用户产生焦虑、厌烦等消极心理。另外，用户交互体验低的手机新闻 APP 的界面反馈性较差，某些功能的点击反馈较慢，出现迟钝、卡顿等现象，造成用户过长的等待时间，故导致用户的 β 波节律活动增强。因此，用户交互体验高的手机新闻 APP 的 β 波节律活动比用户交互体验低的手机新闻 APP 的 β 波节律活动更小。

脑电实验的研究结果表明，用户交互体验高的手机新闻 APP 的 δ 波相对能量值显著大于用户交互体验低的手机新闻 APP 的 δ 波相对能量值。Reuderink 等（2013）对用户玩游戏过程中的脑电指标进行测量，并探索各脑电指标与用户情感之间的关系，研究结果发现随着效价的增强，顶区的 δ 波节律活动也随之增强[118]。在本书中，用户交互体验高的手机新闻 APP 可以被认为是积极刺激，而用户交互体验低的手机新闻 APP 可以看作消极刺激，与 Reuderink 等的研究结果相似，用户交互体验高的手机新闻 APP 诱发的 δ 节律波相对能量值更大。

Gamma（γ）节律波通常与注意、感知、物体识别以及知觉处理有关[233,234]，对于信息在大脑中的接收、传输、加工以及反馈等功能及认知活动具有重要作用。本章中虽然所有电极点的 γ 波相对能量值在不同用户交互体验水平的手机新闻 APP 下并未达到统计学上显著，但是根据不同用户交互体验水平的手机新闻 APP 的 γ 节律波相对能量值的大小可以看出，用户交互体验高的手机新闻 APP 的 γ 波相对能量值比用户交互体验低的手机新闻 APP 的 γ 波相对能量值更小。与本章中脑电实验的研究结果相似，Guo 等（2019）关于产品外观视觉美学的研究表明，视觉美学水平高的台灯诱发的 γ 波节律活动比视觉美学水平低的台灯诱发的 γ 波节律活动更小[119]。

清醒成年人的 θ 波节律活动主要分为两种，一种与人的警觉度下降及损坏的信息处理有关，较活跃的 θ 波活动通常是病态的表征；另一种是分布在头皮前中部的 θ 波，主要与注意力和情感刺激的处理有关，通常来说脑电信号中只能观察到少量的 θ 波节律活动。Sammler 等（2007）的研究发现在额叶中线位置，快乐的音乐比悲伤的音乐诱发了更大的 θ 节律波活动[235]，Bekkedal 等（2011）也得出了类似的结论，θ 波主要与积极情感相关[236]，即当用户处于高兴状态时，θ 波活动显著增强[237]。与其研究结果相似，本章脑电实验的研究结果表明，用户交互体验高的手机新闻 APP 诱发的 θ 波相对能量值显著大于用户交互体验低的手机新闻 APP 的 θ 波相对能量值。一般来说，用户交互体验高的手机新闻 APP 可以使用户更愉悦和放松，而用户交互体验低的手机新闻 APP 容易使人产生焦虑、厌烦等消极情绪，因此，用户交互体验高的手机新闻 APP 诱发的 θ 波相对能量值更大。

综上所述，与用户交互体验低的手机新闻 APP 相比，用户交互体验高的手机新闻 APP 的 α 波、δ 波和 θ 波相对能量值更大，β 波相对能量值更小。

五、管理启示

本章采用眼动和脑电 EEG 结合的实验探索了手机新闻 APP 交互体验阶段用户的视觉认知特性和脑认知特性，为了进一步明确本章研究结果对于应用程序设计人员在进行应用程序交互设计时的实践指导与参考作用，下面将依据本章的研究结果给出本章研究的管理启示。

针对手机新闻 APP 的首页界面设计方面，用户在交互体验高的首页界面设计的视觉认知特性方面表现出更少的注视次数，更短的注视时间比率、驻留时间比率和注视时间。因此，手机应用程序设计人员在对 APP 的首页界面进行开发设计时，首先应避免弹出广告给用户带来的视觉冲击，通常来说，大部分用户对广告都持有消极、规避的态度，故首页界面中弹出广告的出现可能会诱发用户紧张、焦虑、厌恶等消极情绪，从而导致其关闭并卸载该 APP 的行为。另外，体验低的手机新闻 APP 首页界面吸引更多的用户注意，也可能是首页界面新闻文本字体略小且布局混乱，用户需要付出更多的认知努力浏览首页界面，造成了更大的认知负荷。因此，首页界面设计时还应同时考虑界面的新闻文本字体和布局等设计要素。

针对手机新闻 APP 的新闻详情页界面设计方面，用户交互体验高的手机新闻 APP 的新闻详情页界面表现出更短的平均注视持续时间，且根据被试的行为数据及用户的广告盲视现象可知，被试自动忽略了用户体验低的详情页界面中的广告，导致用户交互体验高的新闻详情页界面的浏览时间更长。因此，手机应用程序设计人员在进行 APP 详情页界面设计时，首先应避免页面中广告的重复出现，且新闻文本中间不应穿插广告信息，且界面中的新闻文本部分文字需要设计清晰、易辨认，避免用户花费更多不必要的时间在文本信息提取上。

针对手机新闻 APP 的新闻分享页界面设计方面，用户交互体验高的手机新闻 APP 新闻分享页界面表现出更多的注视次数，更大的注视时间比率、驻留时间比率和注视时间，即与分享界面的灰色图标相比，被试对彩色图标的关注更多。因此，手机应用程序设计人员在进行新闻 APP 界面设计时，新闻分享页界面的各分享图标应考虑设置为彩色，以便吸引更多的用户关注，增加用户在界面中的停留时间。

此外，根据脑电 EEG 研究结果可知，与用户交互体验低的手机新闻 APP 相比，用户交互体验高的手机新闻 APP 的 α 波、δ 波和 θ 波相对能量值更大，β 波相对能量值更小。因此，手机应用程序设计人员在进行手机 APP 开发设计时，应尽量保证界面操作反馈的流畅性以减少用户的等待时间、界面布局应清晰合理、界面广告不可过多，尽量避免弹出广告，避免因界面某些要素的设计导致的用户焦虑、困惑、厌烦等不愉悦情绪，进而诱发用户的退出及卸载行为。

第七章　手机新闻 APP 用户持续使用意愿影响因素的概念模型构建

本章基于刺激机体反应（SOR）理论构建了手机新闻 APP 持续使用意愿影响因素的理论模型，主要探索用户体验的前两个阶段，即感官体验阶段和交互体验阶段，对用户持续使用意愿的影响，据此提出一系列相关假设，并利用 SPSS 和 AMOS 统计分析软件对收集到的问卷数据进行信度效度分析、测量模型分析和结构模型分析等，最终验证所提出假设的有效性。

一、研究模型与假设

（一）基于 SOR 理论的概念模型构建

刺激机体反应（SOR）理论模型是由 Mehrabian 和 Russell 在 1974 年提出的，模型表明外部环境刺激（Stimulus）对个人内部状态（Organism）如认知和情感等存在影响，进而产生对于刺激的趋近或规避行为（Response）[132,238]，具体模型如图 7.1 所示。目前，SOR 理论广泛应用于衡量感知网页特征对用户行为的影响研究[123,239,240]，也有学者将其应用于网络购物环境[241,242]和冲动购买[243,244]等方面的研究。

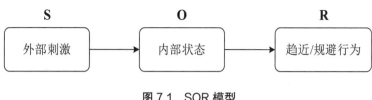

图 7.1　SOR 模型

在 SOR 理论框架下，本章的研究旨在探索用户体验的前两个阶段（感官体验阶段和交互体验阶段）如何影响用户的情感变化和满意度评价，以及用户的这些心理变化如何影响其对手机新闻 APP 的持续使用行为。本章中 SOR 理论的刺激（S）为用户对手机新闻 APP 进行浏览及交互操作之后产生的感官体验及交互体验；内部加工过程（O）为用户对手机新闻 APP 的情感，即用户操作过新闻 APP 之后产生的情感状态；行为结果（R）为用户对手机新闻 APP 的满意度及持续使用行为。

感官体验注重界面设计的视觉特征，而交互体验更加注重界面设计的可用性和易用性等实用性特征。因此，选择美学形式设计和美学吸引力设计两个维度衡量用户对手机新闻 APP 的感官体验，用户的交互体验衡量维度为手机新闻 APP 的感知可用性和感知交互性。用户的情感状态以愉悦度和唤醒度两个维度进行衡量，用户与手机新闻 APP 交互后的反应通过满意度评价及后续的持续使用意愿进行衡量。结构方程模型（Structural Equation Modeling，SEM）是用户行为研究中常用的统计分析方法，可以对各种因果模型进行估计与验证。本章的结构方程模型共包括美学形式设计、美学吸引力设计、感知可用性、感知交互性、愉悦度、唤醒度、满意度和持续使用意愿共八个潜变量，每个潜变量包含若干测量变量，潜变量之间的关系如图 7.2 所示。手机新闻 APP 的感官体验和交互体验对用户的持续使用意愿的影响关系通过该模型进行验证。

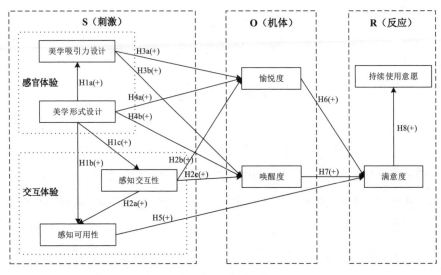

图 7.2 理论模型

（二）研究的基本假设

在艺术方面，美学被定义为关于美的哲学，网页美学是指由网页界面中各个元素和属性的组合创造的美好的总体印象。关于网页美学，学者们给出了不同的分类，Schenkman 和 Jönsson（2000）将网页美学分为美学形式设计和美学吸引力设计两类，其中美学形式设计是指网页界面的有序性、易读性和简洁性等特点，主要与网页界面的可用性、实用性等属性相关；美学吸引力设计是指与享乐质量相关的用户对网页界面的整体印象[245]。而 Lavie 和 Tractinsky（2004）将网页美学分为经典美学和表达美学，其中经典美学强调界面的有序性、清晰性和对称性设计，主要与界面设计的功能性和实用性属性有关；表达美学是指界面的创造性、吸引力和原创性设计，主要与享乐性和娱乐性属性有关[120]。

通常来说，界面布局的清晰性、有序性设计会对界面的吸引力设计存在一定的影响，且已有研究表明，网页界面的美学形式设计对美学吸引力设计存在显著正向影响[123]，因此，本章提出如下假设：

H1a：美学形式设计对美学吸引力设计有显著的正向影响。

根据 Tractinsky 等（2000）的"美的即是可用的"研究可知，系统的感知美学与感知可用性之间存在显著的相关性[121]，且 Van der Heijden（2003）关于网页使用影响因素的研究发现，网页的视觉吸引力对用户感知易用性存在正向影响[246]。此外，根据光环效应可知，人们对某一事物形成的好印象会影响对该事物其他属性的判断，即对该事物的其他属性往往也给予较好的评价。设计美学和可用性评价中的光环效应可以解释为产品或界面的特定显著特征会掩盖对其他不太显著特征的感知[9]。换言之，美学方面设计良好的界面往往会给用户带来可用性良好的评价，因此，基于光环效应以及 Tractinsky 等（2000）和 Van der Heijden（2003）的研究成果，本章提出如下假设：

H1b：美学形式设计对感知可用性有显著的正向影响。

Merikivi 等（2017）关于移动游戏愉悦度的研究将交互性定义为系统响应用户操作指令的速度[129]。本书将感知交互性定义为手机新闻 APP 界面设计对用户的指引性以及用户进行交互操作时系统的反馈速度，其中指引性是指用户在想要进行某项操作时可以迅速地锁定该项操作所在位置，反馈速度主要是指手机新闻 APP 对用户的点击及滑动等操作指令的响应速度。通常，较好的手机新闻 APP 的感知交互性设计，会有助于用户对手机新闻 APP 的操作与使用，而迟钝、卡顿以及使用户迷失在该应用程序中等较差的交互性设计，会使用户产生困惑、焦虑、紧张等消极情绪，甚至使用户产生厌烦的感觉。因此，界面交互设计的好坏对感知可用性存在影响，也对用户的愉悦度和唤醒度存在一定影响。另外，界面的有序性、易读性等美学形式设计特点也会对感知交互性存在一定程度的影响。鉴于此，本书提出以下假设：

H1c：美学形式设计对感知交互性有显著的正向影响。

H2a：感知交互性对感知可用性有显著的正向影响。

H2b：感知交互性对愉悦度有显著的正向影响。

H2c：感知交互性对唤醒度有显著的正向影响。

根据 Mehrabian 和 Russell（1974）提出的 PAD（Pleasure-Arousal-Domance）模型，情感反应可以分为三类，即愉悦度（P）、唤醒度（A）和优势度（D），其中愉悦度是指一个人感觉幸福、快乐及满足的程度，唤醒度是指一个人感觉刺激、有精力及兴奋的程度，优势度是指一个人受环境影响或者控制的程度[132]。已有的研究发现优势度对用户的影响较少，因此关于用户的情感反应的研究通常从愉悦度和唤醒度这两个基本的维度进行[247,248]，且愉悦度和唤醒度两个维度之间是相互独立的。在探索手机新闻 APP 持续使用意愿的影响因素研究中，用户的愉悦度和唤醒度可以看作两个必不可少的因素。

一般来说，界面的视觉美学是影响用户愉悦度和满意度的重要因素，Bhandari 等（2017）关于移动应用程序的界面设计要素对用户情感反应和质量评价影响的研究表明，移动应用程序的界面美学特征对用户的唤醒度存在正向影响[122]。另外，Liu 等（2016）关于招聘网站首页界面满意度影响机制的研究也表明，美学形式设计对愉悦度有正向影响，对紧张的唤醒度有负向影响，美学吸引力设计对愉悦度和积极的唤醒度有正向影响，对紧张的唤醒度有负向影响[123]。因此，基于 Bhandari 等（2017）和 Liu 等（2016）的研究成果，提出以下四个假设：

H3a：美学吸引力设计对愉悦度有显著的正向影响。

H3b：美学吸引力设计对唤醒度有显著的正向影响。

H4a：美学形式设计对愉悦度有显著的正向影响。

H4b：美学形式设计对唤醒度有显著的正向影响。

1989 年 Davis 基于理性行为理论提出技术接受模型（Technology Acceptance Model，TAM），如图 7.3 所示，主要是通过意图、使用态度、感知可用性和感知易用性对使用意图的影响来衡量用户对于信息技术的接受程度[124]。其中感知易用性是指一个人认为某信息系统容易使用的程度，感知可用性是指一个人认为使用某信息系统对其工作绩效的提高程度。

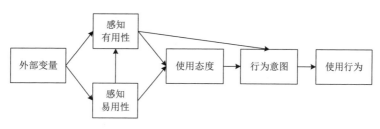

图 7.3　技术接受模型

根据技术接受模型可知，感知可用性和感知易用性是影响用户使用态度的两个指标，且感知易用性对感知可用性也存在影响。用户的满意度即用户对于新闻 APP 界面设计及交互操作等方面感知的整体态度，用户满意度通常受感知可用性影响。Hsiao 等（2016）关于移动社交应用程序持续使用意图影响因素的研究表明，移动社交 APP 的感知可用性对满意度存在显著的正向影响[125]。因此，根据技术接受模型以及 Hsiao 等（2016）的研究成果，提出如下假设：

H5：感知可用性对满意度有显著的正向影响。

已有文献表明有吸引力的在线环境可以诱发用户的愉悦和唤醒状态，进一步提高用户的满意度[249,250]。具体地，Brunner-Sperdin 等（2014）关于网页界面总体认知的研究表明，愉悦度对用户满意度存在显著的正向影响[247]。Liu 等（2016）的研究表明愉悦度和唤醒度对满意度均存在显著的正向影响[123]。因此，根据上述相关研究的成果，提出如下假设：

H6：愉悦度对满意度有显著的正向影响。

H7：唤醒度对满意度有显著的正向影响。

Holland 和 Baker（2001）表明，网站满意度是指诱导页面访问者留在该网站而不是转移到其他网站的所有网站质量的总和[251]。本书将满意度定义为用户对手机新闻 APP 的界面视觉浏览、交互操作等行为带来的用户主观上综合的满意程度。关于用户满意度与持续使用意图之间的关系已成为市场营销及信息系统研究领域的焦点问题之一，已有部分学者开展了相关研究，例如 Gao 等（2015）关于移动支付持续使用意愿的研究表明，用户满意度对持续使用意愿存在显著的正向影响[126]；Bhattacherjee（2001）发现在网络环境中，用户满意度水平越高，其再次使用网络频道的意愿越强[252]；Hsiao 等（2016）关于移动社交类 APP 持续使用意图影响因素的研究表明，用户满意度正向影响持续使用意愿[125]。由此可见，用户满意度是持续使用意愿的可靠预测因素。

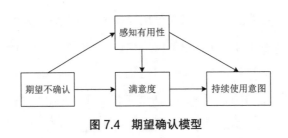

图 7.4　期望确认模型

另外，根据期望确认理论（Expectation Confirmation Theory，ECT）可知，用户的满意度对持续购买或持续使用有正向影响，且满意度是影响用户持续使用或持续购买的关键因素。因此，基于期望确认模型以及 Gao 等（2015）、Bhattacherjee（2001）和 Hsiao 等（2016）的研究成果，本章提出如下假设：

H8：满意度对持续使用意愿有显著的正向影响。

二、研究方法

（一）变量测量指标

问卷调查材料为第六章设计的两款用户体验存在差异的手机新闻应用程序，此处不再赘述。

模型中各潜变量的测量指标主要参考已有的相关研究，主要涉及美学形式设计、美学吸引力设计、感知交互性、感知可用性、愉悦度、唤醒度、满意度和持续使用意愿共八个变量的测量。

美学形式设计（AF，Aesthetic formality）的测量参考 Wang 等（2011）[128]关于网页界面的研究，将其应用到手机新闻 APP 界面研究中，具体的测量题项为形容 APP 界面设计的三个词对，即"不好的—好的"、"混乱的—有序的"和"难辨认的—易辨认的"。

美学吸引力设计（AA，Aesthetic appeal）指标测量题项的确定主要参考 Xu 等（2015）[127]和 Wang 等（2011）[128]的相关研究，将测量题项设计为三个形容词对，即"单调的—有吸引力的"、"平凡的—令人印象深刻的"和"丑的—美的"。

感知交互性（PI，Perceived interactivity）指标的测量题项的确定主要参考 Merikivi 等（2017）[129]、Yu 和 Kong（2016）[79]的研究，并进行了适当的修改，具体的测量题项包括 3 个，即"该手机新闻 APP 的布局提示了明显的用户交互""该手机新闻 APP 提供了友好的用户交互""该手机新闻 APP 可以快速响应我的操作指令"。

感知可用性（PU，Perceived usability）指标的测量题项的确定参考 Sharma（2017）[130]、Nikou 和 Economides（2017）[131]的研究，并进行了适当的修改，最终确定感知可用性的测量题项包括 4 个，分别为"我觉得该手机新闻 APP 是容易使用的""使用该手机新闻 APP 我能有效地浏览新闻""学习使用该手机新闻 APP 是容易的""使用该手机新闻 APP 是舒服的"。

愉悦度（P，Pleasure）和唤醒度（A，Arousal）指标的测量题项的确定参考 Mehrabian 和 Russell（1974）[132]的研究，其中愉悦度的测量题项包括 4 个，即"使用该手机新闻 APP 让我有兴高采烈的感觉""使用该手机新闻 APP 让我有满足的感觉""使用该手机新闻 APP 让我有幸福的感觉""使用该手机新闻 APP 让我有无聊的感觉"；唤醒度通过 4 个形容词对进行测量，即"冷静的—兴奋的""放松的—紧张的""困乏的—清醒的""疲倦的—精力充沛的"。

满意度（S，Satisfaction）指标的测量题项的确定主要参考 Cyr（2008）[133]、

Gao 和 Bai（2014）[239] 的研究，并进行了适当的修改，具体的测量题项包括"该手机新闻 APP 界面设计完全满足了我的期望""该手机新闻 APP 很好地满足了我的需求""总体来说，使用该手机新闻 APP 是令人满意的"。

持续使用意愿（CI，Continuance Intention）指标的测量题项的确定主要参考 Thakui（2016）[253]、Tarute 等（2017）[87] 和 Hsiao 等（2016）[125] 的研究，并进行了适当的修改，具体的测量题项包括以下 4 个，即"我打算继续使用该手机新闻 APP""如果可以的话，未来我会继续使用该手机新闻 APP""我会把该手机新闻 APP 推荐给其他人""我很可能继续使用该手机新闻 APP"。

根据上述各个潜变量确定的测量题项形成初步的中文测量量表，供后续问卷调查使用。

（二）问卷设计

设计"手机新闻 APP 持续使用意愿影响因素调查问卷"，该问卷包括两个部分：第一部分为被调查者个人基本信息填写，主要包括被试性别、年龄、受教育程度、职业、手机新闻 APP 使用情况等方面；第二部分为上文中确定的各测量题项组成的 7 级李克特量表。其中美学形式设计、美学吸引力设计和唤醒度指标的测量题项为 10 个语义差异形容词，对其进行 7 级评价打分，对其余指标的测量题项进行 7 级打分，其中 -3 代表非常不同意，3 代表非常同意。

（三）问卷前测

预调研的目的是在问卷正式大量发放前检验问卷存在的问题及各题项的适合性，选取小样本数据对初步形成的中文调查问卷进行信度和效度的检验。由于实验材料需下载安装到安卓手机上，为保证调研对象填写问卷的真实性、准确性，问卷的填写采取一对一方式。即首先让被试在主试提供的手机上使用指定手机新闻 APP，然后根据问卷设置的题项填写调查问卷。预调研的有效样本数量为 50，调研对象主要为在校大学生。

问卷的信度是指量表中各题项的内部一致性，主要通过 Cronbach's α 系数和项目校正后的总体相关系数（CITC）进行衡量，系数越高，表明量表的内部一致性越好。各题项校正后的总体相关系数均大于 0.5，各潜变量的 Cronbach's α 系数均大于 0.7，且删除某一题项后的 Cronbach's α 系数均小于总体 Cronbach's α 系数，说明所构建量表的可靠性较好。

（四）问卷发放与数据收集

由于实验材料为手机新闻 APP，为避免被试下载安装 APP 的厌烦心理，故问卷调查采取一对一方式，在已安装好实验材料的智能手机上对指定新闻 APP 进行浏览、滑动、点击交互等操作，操作完毕且对该新闻 APP 基本了解之后进行调查问卷的填写，被试完成调查问卷的平均时间为 4 分钟左右。整个调查过程共收集问卷 280 份，剔除其中差异较大的调查问卷 29 份，最终得到 251 份有效调查问卷，有效问卷比率为 89.64%。其中有效被试的人口统计学结构特征如表 7.1 所示。

表 7.1　有效被试样本特征

人口统计特征	类别	人数	百分比
性别	男	128	50.996%
	女	123	49.004%
年龄	18—25 周岁	93	37.052%
	26—30 周岁	124	49.402%
	31—40 周岁	30	11.952%
	41 周岁以上	4	1.594%
职业	企事业单位职员	82	32.669%
	公务员	45	17.928%
	学生	102	40.638%
	其他人员	22	8.765%
学历	高中及以下	11	4.382%
	大学专科	56	22.311%
	大学本科	127	50.598%
	硕士及以上	57	22.709%

人口统计特征	类别	人数	百分比
手机新闻 APP 熟悉度	比较熟悉	135	53.785%
	有点熟悉	76	30.279%
	不熟悉	40	15.936%

一般而言，为追求稳定的结构方程模型检验结果，受试样本数量最好大于200 个[254]，或者是在变量数据符合正态分布或椭圆分布的情况下，每个观察变量至少有 5 个样本数据，如果变量数据符合其他分布，则每个观察变量最好有 10 个以上的样本数据[255,256]。本章中共有 8 个潜变量，28 个观察变量，有效问卷的数量可以保证结构方程模型参数估计结果的稳定性和可靠性。

三、数据处理与结构方程模型分析

结构方程模型中包括两个基本模型，即测量模型和结构模型，其中测量模型描述的是潜变量与一组观察变量的共变关系，结构模型表示潜变量之间或者潜变量与一组观察变量之间的关系。

（一）数据正态性检验

通常，选取样本数据的峰度值和偏度值进行样本正态性检验，检验标准为峰度系数和偏度系数均接近 0，临界比值小于 1.96。如果样本不符合正态分布，则不应该使用极大似然估计方法对模型进行评估和检验。但是，根据 Kline 提出的检验正态分布的经验法则，即变量的偏度系数绝对值小于 3、峰度系数绝对值小于 8，可以认为样本数据服从正态分布，如偏度系数绝对值大于 3、峰度系数绝对值大于 8，说明样本数据可能偏离正态分布，特别是当峰度系数绝对值大于 20 时，说明样本数据已经严重偏离正态分布[257]。

分析发现，所有单变量均满足正态分布，因此，该样本数据基本上服从正态分布，可以用极大似然估计法进行结构方程模型分析。

（二）测量模型分析

测量模型是对内在模型适配度的验证，用于检查多个测量变量对潜变量的解释程度。为了保证假设的测量模型和观察数据之间较好的契合度，需要对模型的适配度进行检验，常用的衡量模型适配度的指标及其评价标准如下[258-262]：

第一，卡方自由度比（χ^2/df）。卡方自由度比是一个绝对适配统计量，卡方值（χ^2）越小说明模型的拟合程度越好，模型中估计的参数越多，则自由度会越小，卡方值与自由度大小的比值可以作为衡量模型适配的指标。一般来说，卡方自由度之比小于 3，说明模型具有较好的适配度，即假设模型与样本数据之间具有较好的契合度。

第二，渐进残差均方和平方根（Root Mean Square Error of Approximation，RMSEA）。RMSEA 是绝对适配度指数之一，其值通常被视为模型最重要的适配指标，其值越小，表示模型的适配度越好，如果 RMSEA 值等于 0，说明模型完全适配。通常情况下，RMSEA 值小于 0.05 说明模型非常好；RMSEA 值处于 0.05 至 0.08 之间表示模型适配度良好；RMSEA 值处于 0.08 至 0.1 之间说明模型适配度一般，模型尚可；如果 RMSEA 值大于 0.1，表示模型适配度欠佳，模型不可接受。

第三，适配度指数（GFI）。GFI 是绝对适配度指数之一，通常认为 GFI 值是模型协方差对观察数据协方差的解释程度，其值在 0—1 之间，越接近 1 表示模型的适配度越好。一般认为 GFI 大于 0.9 表示模型与样本数据的适配度良好，GFI 大于 0.8 认为该模型是可以接受的。

第四，比较适配度指数（CFI）。CFI 是增值适配度指数之一，一般来说，其值越接近 1 说明模型的适配度越好，通常 CFI 值大于 0.9 表示模型的适配度良好。

第五，规准适配度指数（NFI）。NFI 是增值适配度指数之一，反映的是假设模型与观察变量间没有任何共变的独立模型的差异程度。一般认为 NFI 大于 0.9，说明模型的适配度良好。

本书采用极大似然估计方法进行测量模型的检验，得到的模型适配度指标为，χ^2=471.348，df=322，χ^2/df=1.464，RMSEA=0.043，CFI=0.978，GFI=0.888，NFI=0.934，IFI=0.978，结果表明模型具有较好的适配度。

1.信度检验

信度，是指测量结果的一致性，即观察指标变量与潜变量之间的相关程度，主要通过多元相关系数的平方（Squared Multiple Correlations，SMC）和Cronbach's α 系数进行衡量。一般认为 Cronbach's α 系数大于 0.7[263]，SMC大于 0.2[264]，说明各测量变量或潜变量的信度较好。其中 SMC 值表示观察变量可以被潜变量解释的程度，无法解释的部分即为测量误差。根据表 7.2 中测量模型的分析结果可知，28 个观察变量的 Cronbach's α 系数在 0.889—0.945之间均大于 0.7，且 SMC 在 0.635—0.861 之间均大于 0.2，说明测量模型具有较高的内部一致性。

表 7.2　测量模型分析结果

变量	因子负荷量（FL）	多元相关系数的平方(SMC)	测量误差	Cronbach's α 系数	组合信度（CR）	平均方差抽取量(AVE)
美学形式设计				0.924	0.925	0.804
AF1	0.913***	0.833	0.166			
AF2	0.881***	0.776	0.224			
AF3	0.896***	0.803	0.197			
美学吸引力设计				0.903	0.901	0.753
AA1	0.911***	0.830	0.170			
AA2	0.854***	0.729	0.270			
AA3	0.836***	0.698	0.301			
感知可用性				0.919	0.920	0.742
PU1	0.893***	0.798	0.202			
PU2	0.889***	0.790	0.210			
PU3	0.797***	0.635	0.365			
PU4	0.863***	0.745	0.255			
感知交互性				0.899	0.901	0.752

续表

变量	因子负荷量（FL）	多元相关系数的平方（SMC）	测量误差	Cronbach's α 系数	组合信度（CR）	平均方差抽取量（AVE）
PI1	0.862***	0.744	0.257			
PI2	0.862***	0.743	0.257			
PI3	0.877***	0.769	0.231			
愉悦度				0.943	0.943	0.805
P1	0.902***	0.813	0.186			
P2	0.905***	0.820	0.181			
P3	0.882***	0.778	0.222			
P4	0.899***	0.808	0.192			
唤醒度				0.945	0.945	0.812
A1	0.879***	0.773	0.227			
A2	0.873***	0.762	0.238			
A3	0.923***	0.853	0.148			
A4	0.928***	0.861	0.139			
满意度				0.925	0.926	0.806
S1	0.901***	0.811	0.188			
S2	0.885***	0.783	0.217			
S3	0.907***	0.823	0.177			
持续使用意愿				0.926	0.926	0.758
CI1	0.859***	0.738	0.262			
CI2	0.854***	0.729	0.271			
CI3	0.882***	0.778	0.222			
CI4	0.888***	0.789	0.211			

注：*** 表示 $p<0.001$。

组合信度即潜变量的建构信度，是评价一组观察变量的一致性程度，组合信度越高，则观察变量之间的内部一致性越高、关联性越大。而 AMOS 统计分析软件并不能直接给出潜变量的组合信度，需要通过观察变量的标准化因子负荷量和测量误差变异量进行手动计算，具体的计算公式如下：

$$\rho_c = \frac{(\sum \lambda)^2}{(\sum \lambda)^2 + \sum(\theta)} \qquad (7.1)$$

其中 ρ_c 为组合信度，λ 为观察变量在潜变量上的标准化因子负荷量，θ 为观察变量的误差变异量，观察变量的误差变异量与标准化因子负荷量的平方之和为 1。因此，根据公式 7.1，计算出 8 个潜变量的组合信度，计算结果如表 7.2 所示，所有潜变量的组合信度均大于 0.8。Nunnally 和 Bernstein（1994）[267] 以及 Bogozzi 和 Yi（1988）[264] 认为潜变量的组合信度在 0.6 以上才是可以接受的范围，因此，说明本书中构建的测量模型具有较高的内部一致性。

2. 效度检验

效度检验是测量潜变量与其他指标变量之间路径的显著性检验，效度检验通常包括收敛效度和区别效度。

（1）收敛效度

收敛效度是指相同潜变量里的各观察变量彼此之间的相关程度较高。常见的衡量收敛效度的指标主要包括观察变量的标准化因子负荷量（Factor Loading，FL）和平均方差抽取量（Averaged Variance Extracted，AVE）[244,265]。一般认为，标准化因子负荷量应大于等于 0.6[266]，根据表 7.5 中的测量模型分析结果可知，所有观察变量的标准化因子负荷量均大于 0.6，说明构建的测量模型具有较好的收敛效度。

潜变量的平均方差抽取量表示潜变量所能解释的变异量的程度，即全部观察变量的变异量可以被潜变量解释的百分比情况。通常，平均方差抽取量越大，说明观察变量越能有效地反映所代表的潜变量。平均方差抽取量的计算公式如下：

$$\rho_v = \frac{\sum(\lambda^2)}{\sum(\lambda^2)+\sum(\theta)} \qquad （7.2）$$

其中 ρ_v 为平均方差抽取量，λ 为观察变量在潜变量上的标准化因子负荷量，θ 为观察变量的误差变异量。根据公式 7.2，计算出 8 个潜变量的平均方差抽取量，计算结果如表 7.2 所示。由表 7.2 中潜变量的平均方差抽取量可知，测量模型中各潜变量的平均方差抽取量均大于 0.7，根据 Fornell 和 Larcker（1981）提出的平均方差抽取量应该大于临界值 0.5 可知[268]，本书的观察变量可以解释潜变量的大部分变异量，进一步说明测量模型具有较好的收敛效度。

（2）区别效度

区别效度是指不同的研究变量之间的相关程度较低，彼此确实不相同，即某一潜变量与其他潜变量之间的差别。区别效度的衡量标准为每个潜变量的平均方差抽取量的平方根与该潜变量与其他潜变量的相关系数之间相比，如果每个潜变量的平均方差抽取量的平方根大于该潜变量与其他潜变量的相关系数，说明该测量模型具有较好的区别效度[268]。

根据表 7.3 中的各潜变量平均方差抽取量的平方根和潜变量间的相关系数可知，8 个潜变量的平均方差抽取量的平方根均大于该潜变量与其他潜变量之间的相关系数，说明这些潜变量具有较好的区别效度。

表 7.3　相关系数矩阵及 AVE 的平方根

潜变量	AF	AA	PU	PI	P	A	S	CI
AF	0.897							
AA	0.613***	0.868						
PU	0.503***	0.557***	0.861					
PI	0.397***	0.342***	0.567***	0.867				
P	0.685***	0.674***	0.599***	0.452***	0.897			
A	0.525***	0.466***	0.697***	0.672***	0.677***	0.901		

续表

潜变量	AF	AA	PU	PI	P	A	S	CI
S	0.513***	0.495***	0.730***	0.670***	0.695***	0.811***	0.898	
CI	0.398***	0.365***	0.631***	0.635***	0.540***	0.756***	0.799***	0.871

注：*** 表示 $p<0.001$。对角线为潜变量平均方差提取量的平方根，左下方为各潜变量间的 Pearson 相关系数。

3. 共同方法偏差分析

采用心理学研究中常用的 Harman 单一因子检验法进行共同方法偏差检验，利用 SPSS 统计分析软件对所有变量进行探索性因子分析，结果抽取出 6 个特征值大于 1 的公因子，其解释了变量变异的 79.897%，且第一个公因子解释的方差变异量小于 50%，即模型中的共同方法偏差对模型结果的影响较小，因此认为该样本数据不存在严重的共同方法偏差。

（三）结构模型分析

根据上述的正态性检验结果可知，本书的样本数据符合正态分布，因此本书采用极大似然估计方法进行模型的估计，模型的适配度指标主要用于检验假设的理论模型与样本数据的一致性程度。衡量模型适配度的指标有很多，主要包括绝对适配统计量如 χ^2/df、GFI 和 RMSEA 等，增值适配度统计量如 CFI、NFI 和 IFI 等，简约适配统计量如 PGFI、PNFI 和 CN 等。本书对结构模型进行检验，得到的模型适配度指标为，$\chi^2=593.565$，df=336，$\chi^2/df=1.767$，RMSEA=0.055，CFI=0.962，GFI=0.862，NFI=0.917，IFI=0.962，根据上文报告的各指数的适配标准及临界值，结果表明结构模型的适配度是可以接受的。

图 7.5 呈现了构建的结构方程模型的标准化估计值的路径分析图，根据图

7.5 中的路径图可知模型中某些变量的影响关系，其中 γ 为外因潜变量与内因潜变量间关系的标准化路径系数，β 为内因潜变量之间关系的标准化路径系数，$R2$ 表示内因潜变量能被外因潜变量所能解释的变异量的百分比，即内因潜变量被外因潜变量解释的程度。根据对结构方程模型各标准化估计值的路径系数的分析，可以看出，本研究提出的结构方程模型共 14 个假设，均得到了支持，具体检验结果如表 7.4 所示。

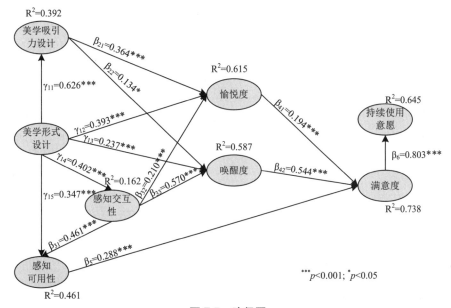

图 7.5　路径图

表 7.4　理论模型的检验结果

假设	路径	假设内容	路径系数	检验结果
H1a	AF → AA	美学形式设计对美学吸引力设计有正向影响	0.626***	支持
H1b	AF → PU	美学形式设计对感知可用性有正向影响	0.347***	支持
H1c	AF → PI	美学形式设计对感知交互性有正向影响	0.402***	支持

续表

假设	路径	假设内容	路径系数	检验结果
H2a	PI → PU	感知交互性对感知可用性有正向影响	0.461***	支持
H2b	PI → P	感知交互性对愉悦度有正向影响	0.210***	支持
H2c	PI → A	感知交互性对唤醒度有正向影响	0.570***	支持
H3a	AA → P	美学吸引力设计对愉悦度有正向影响	0.364***	支持
H3b	AA → A	美学吸引力设计对唤醒度有正向影响	0.134*	支持
H4a	AF → P	美学形式设计对愉悦度有正向影响	0.393***	支持
H4b	AF → A	美学形式设计对唤醒度有正向影响	0.237***	支持
H5	PU → S	感知可用性对满意度有正向影响	0.288***	支持
H6	P → S	愉悦度对满意度有正向影响	0.194***	支持
H7	A → S	唤醒度对满意度有正向影响	0.544***	支持
H8	S → CI	满意度对持续使用意愿有正向影响	0.803***	支持

注：*** 表示 $p<0.001$，* 表示 $p<0.05$。

四、研究结果讨论

在上述结构方程模型分析的基础上，检验发现假设 H1a 得到了支持，即美学形式设计对美学吸引力设计存在显著的正向影响，且研究发现假设 H1b 和 H1c 均得到了支持，即美学形式设计对感知可用性和感知交互性存在正向影响。交互体验是在用户的感官体验之后，用户已经对该 APP 产生第一印象的基础上，进一步与 APP 进行交互操作时产生的主观感受。Kim 和 Fesenmaier

（2008）的研究表明，用户的第一印象即与产品交互前的感官体验，对用户的感知和后续体验的评价具有长期、显著的影响[12]。与其研究成果一致，本书的研究结果也表明用户体验的感官体验阶段对交互体验阶段具有正向影响。

结构方程模型分析表明假设 H2a 得到验证，即感知交互性对感知可用性存在正向影响。另外，假设 H2b、H2c 和 H5 均得到了验证，即感知交互性对愉悦度有正向影响、感知交互性对唤醒度有正向影响、感知可用性对满意度有正向影响，说明用户的交互体验对其情感反应及满意度评价存在显著的正向影响。

实证分析结果表明，假设 H3a、H3b、H4a 和 H4b 均得到了验证，即美学吸引力设计对愉悦度有正向影响、美学吸引力设计对唤醒度有正向影响、美学形式设计对愉悦度有正向影响、美学形式设计对唤醒度有正向影响，说明用户的感官体验对其情感反应和满意度评价存在显著的正向影响。

结构方程模型分析结果发现假设 H6、H7 和 H8 均得到了支持，即愉悦度对满意度有正向影响，唤醒度对满意度有正向影响，满意度对持续使用意愿有正向影响。

五、管理启示

本章利用 SOR 理论研究手机新闻 APP 感官体验及交互体验对用户持续使用意愿的影响机制，将用户体验的前两个阶段中用户对手机新闻 APP 的感官评价及交互评价作为 SOR 模型中的刺激要素，由美学形式设计、美学吸引力设计、感知交互性和感知可用性进行描述，其中美学形式设计和美学吸引力设计用于衡量用户感官体验，感知交互性和感知可用性用于衡量用户交互体验；将用户的情感反应作为 SOR 模型中的机体要素，由愉悦度和唤醒度进行衡量；将用户对手机新闻 APP 的持续使用意愿作为 SOR 模型中的反应要素，由用户满意度和持续使用意愿进行衡量。通过对所构建的结构方程模型的分析可知，理论研究模型中的假设均得到了验证与支持，进一步确认了用户体验两个阶段之间的相互影响及其对用户情感、满意度、持续使用行为的影响。根据构建的结构方程模型的各个假设结果，对移动应用程序的设计提供一定的管理启示及设计建议，具体如下：

1.假设 H1a 得到支持，说明感官体验阶段美学形式设计对美学吸引力设计存在显著的正向影响。感官体验是用户与产品进行具体的交互操作之前产生的，在本书中主要是手机新闻 APP 带给用户的视觉刺激，其影响因素主要为界面的布局设计。美学形式设计强调界面设计的实用性质量，美学吸引力设计强调界面的享乐性质量，研究表明美学形式设计越好，手机新闻 APP 首页界面的美学吸引力越大。考虑到美学形式设计与美学吸引力设计之间的因果关系，因此，在手机 APP 界面设计方面，需要优先加强界面的美学形式设计，保证界面设计的清晰性和有序性，在满足界面实用性质量的前提下，尽量满足用户的享乐性质量需求，以期在感官体验阶段为用户留下良好的第一印象，为后续良好用户体验的获得奠定基础。

2.结构方程模型中假设 H2a 得到了验证与支持，说明交互体验阶段感知交互性对感知可用性存在显著的正向影响。交互体验是用户与产品进行实际交互操作过程中产生的，既包括用户对界面的视觉感知，也包括用户的交互操作行为，这一阶段体验的好坏主要由界面的易用性、可操作性等实用性因素决定。其中感知交互性主要指界面的指引性和反馈性等信息，感知可用性是指界面的易用性、有效性和舒适性等信息。鉴于感知交互性与感知可用性之间的正向影响关系，因此，在进行手机 APP 设计尤其是手机新闻 APP 设计时，需要首先考虑界面的导航性和反馈速度等交互性特征，避免界面卡顿、反应延迟等影响用户对手机新闻 APP 的可用性评价。

3.用户对手机新闻 APP 产生的情感反应对用户满意度存在影响，并进一步影响用户的持续使用行为。具体来说，所构建的结构方程模型中假设 H6、H7 和 H8 得到了验证，即用户的愉悦度对满意度存在正向影响、用户的唤醒度对满意度存在正向影响，用户满意度对持续使用意愿存在正向影响。鉴于此，为了提高用户对手机新闻 APP 的满意度及持续使用意愿，移动应用程序开发设计人员需要考虑提高用户的愉悦度和唤醒度，尽量营造轻松、愉悦的氛围，避免因界面的视觉或交互设计问题给用户造成烦躁、焦虑等厌烦情绪。

4. 用户体验的两个阶段之间的影响关系及其对用户持续使用行为的影响。本书中，美学形式设计和美学吸引力设计用于衡量用户首次打开手机新闻 APP 时产生的感官体验，感知交互性和感知可用性用于衡量用户与手机新闻 APP 进行交互操作时产生的交互体验。结构方程模型中假设 H1b 和 H1c 得到了验证，即美学形式设计对感知可用性存在正向影响、美学形式设计对感知交互性存在正向影响，说明手机新闻 APP 的感官体验对交互体验存在正向影响。另外，所构建模型中假设 H2b、H2c、H3a、H3b、H4a、H4b 和 H5 均得到了验证，说明用户的感官体验和交互体验对用户的情感、满意度和持续使用行为存在正向影响。由此可见，用户体验的两个阶段不是独立的，而是彼此之间存在相互影响关系的，并最终影响用户的使用行为。因此，在手机 APP 设计开发阶段，既要充分考虑首页界面的视觉美学设计带来的感官体验，又要考虑与 APP 交互操作时的交互体验。在应用程序开发设计时，界面需设计成有序、易辨认和有吸引力的，需要尽量避免混乱、不清晰、不易辨认的界面设计，对于用户的点击操作需要给予及时的反馈信息或动作，且不能让用户迷失在界面中。同时，为了使用户获得满意的体验，应用程序开发人员应该尽量避免过多的广告嵌入对用户造成厌烦、焦虑等消极情绪，并尽量带给用户意想不到的惊喜，使其产生继续使用甚至推荐给他人的意愿和行为。

第八章　结论与展望

移动互联网的迅猛发展正在改变人们的日常生活，根据中国互联网络信息中心发布的第55次《中国互联网络发展状况统计报告》显示，截至2024年12月，我国手机网民规模达到 11.05 亿人[2]。基于该背景，对手机 APP 用户体验的研究具有重要的理论和现实意义。本书针对手机新闻 APP 的感官体验和交互体验阶段用户的生理变化、心理感受、行为特点以及这两个阶段对用户持续使用行为的影响进行了研究，本章系统总结本书取得的主要研究成果及结论、主要贡献、局限以及对后续研究工作的建议。

一、主要成果及结论

（一）主要成果

本书主要的研究成果包括以下四个方面：

1. 手机新闻 APP 感官体验阶段用户的视觉认知特性分析研究，主要成果包括：

（1）针对视觉浏览任务和视觉搜索任务分别进行关键设计要素的选取及

其水平的确定，确定视觉浏览任务的关键设计要素为界面图文布局和颜色，利用墨刀应用程序原型设计软件设计六个实验材料，用于视觉浏览任务实验；确定视觉搜索任务的关键设计要素为界面布局和关键词颜色，并设计六个实验材料，用于视觉搜索任务实验。

（2）设计并开展手机新闻 APP 首页界面的视觉浏览实验和搜索界面的视觉搜索实验，实验中分别要求被试完成新闻自由浏览与目标新闻搜索任务，分别获取被试完成上述实验任务的眼动数据和行为绩效数据。

（3）根据眼动实验获得的数据，分析用户在手机新闻 APP 首页界面的视觉浏览特性和搜索界面的视觉搜索特性，同时分析不同的界面设计要素及其水平对用户视觉特性的影响，为手机新闻 APP 首页界面及搜索界面的设计提供指导与参考。

2. 手机新闻 APP 感官体验阶段用户的脑认知特性研究，主要成果包括：

（1）针对脑电实验材料的设计，首先确定两个关键设计要素即界面图文布局和颜色，同时控制界面中其他设计要素的一致性，然后利用墨刀应用程序原型设计软件设计六款手机新闻 APP 首页界面。

（2）设计并开展手机新闻 APP 首页界面无意识评价的脑电 ERPs 实验，实验采用 Oddball 范式，要求被试对实验中呈现的小概率靶刺激进行鼠标左键点击操作，同时记录被试的脑电信号，并在实验结束后记录被试的主观数据。

（3）根据脑电 ERPs 实验数据及主观数据，分析手机新闻 APP 感官体验阶段用户的脑认知特性，同时，分析不同界面设计要素及其水平对用户脑认知特性的影响，从而指导手机新闻 APP 首页界面的设计。

3. 手机新闻 APP 交互体验阶段用户的视觉认知和脑认知特性研究，主要成果包括：

（1）针对交互体验阶段的实验材料设计，首先选取并确定关键设计要素及其水平，据此设计两款用户交互体验存在显著差异的手机新闻 APP，其界面主要包括首页界面、新闻详情页界面、新闻分享页界面等。

（2）设计并开展手机新闻 APP 交互体验阶段的视觉认知特性和脑认知特

性分析的眼动、脑电 EEG 结合实验，分别记录被试的眼动数据、脑电 EEG 数据和行为数据。

（3）根据获取的行为、眼动和脑电 EEG 数据，分析手机新闻 APP 交互体验阶段用户的视觉认知特性和脑认知特性，从而指导手机新闻 APP 的交互设计。

4. 手机新闻 APP 用户持续使用意愿影响因素研究，主要成果包括：

（1）基于 SOR 理论、技术接受模型和期望确认理论等相关研究成果，构建手机新闻 APP 感官体验和交互体验对用户持续使用意愿影响因素的理论模型，并提出相关的研究假设。

（2）通过对构建的理论模型中八个潜变量的测量变量内容进行反复修正，最终确定 28 个问项，其中每个潜变量包含 3—4 个测量题项，根据上述题项，设计"手机新闻 APP 持续使用意愿影响因素调查问卷"。

（3）发放并收集调查问卷，对收集的数据进行处理与分析，验证构建的结构方程模型中所提出的 14 个假设，根据结构方程分析结果分析手机新闻 APP 的感官体验及交互体验与用户持续使用意愿之间的相互影响关系。

（二）主要结论

基于上述主要研究成果，给出本书的主要结论如下：

1. 感官体验阶段手机新闻 APP 首页界面用户的视觉浏览特性研究结果表明，与左文本—右图片和左图片—右文本界面相比，界面尺寸更大、视觉复杂度更高的上文本—下图片界面表现出更多的注视次数、更大的注视时间比率和驻留时间比率，即被试分配的注意力更多。另外，与红色界面相比，被试对于白色界面中新闻文本和图片的首次注视持续时间更长，表明被试首先被白色界面所吸引，对白色界面中文本和图片更长的注视时间比率和驻留时间比率进一步验证了白色界面比红色界面吸引了被试更多的注意。此外，与界面中的新闻文本相比，新闻图片只吸引了被试较少的注意力，被试更多地关注新闻界面中的文本信息。

2. 感官体验阶段手机新闻 APP 搜索界面用户的视觉搜索特性研究结果表明，与红色关键词搜索界面相比，黑色关键词搜索界面由于需要被试花费更多的认知努力去提取相关信息，表现出更大的注视时间比率、驻留时间比率，更多的注视次数和更低的搜索效率。当界面关键词颜色为黑色时，被试对左文本—右图片布局方式的整个搜索界面的注视时间比率更大，对该界面中新闻图片的注视时间比率和驻留时间比率更大。另外，与黑色关键词搜索界面相比，被试对于红色关键词搜索界面中的新闻文本和整个搜索界面的首次注视持续时间更长，红色关键词搜索界面可能更具吸引力。根据被试完成视觉搜索任务的行为数据分析结果可知，左文本—右图片布局方式界面和红色关键词界面的搜索时间最短且搜索的准确率最高。

3. 手机新闻 APP 感官体验阶段用户的脑认知特性分析结果表明，被试可以对具有不同图文布局的手机新闻 APP 首页界面进行自动评价，而不能自动识别界面颜色的差异。具体地，在80—120ms 时间窗内，在大脑左半球，左文本—右图片界面比左图片—右文本界面诱发了更正的P1 波；在大脑右半球，左图片—右文本界面比左文本—右图片界面诱发了更大的P1 波，且对于左图片—右文本界面，右半球的P1 比左半球更大。不同的手机新闻 APP 首页界面诱发的存在显著差异的P1 波表明，被试可以识别出界面布局的空间差异（即文本和图片相对位置的变化）。另外，左文本—右图片界面（积极刺激）表现出左半球优势，左图片—右文本界面（消极刺激）表现出右半球优势。在 120—180ms 时间窗内，与左文本—右图片界面相比，左图片—右文本界面诱发了更大的N1 波。对于左文本—右图片界面和上文本—下图片界面，右半球显示出比左半球更负的N1 波，更多的注意力资源被分配给左图片—右文本和上文本—下图片界面，反映了被试对以上两种界面的自动接近倾向。此外，N1 波证实了右半球假说。在 160—220ms 时间窗内，上文本—下图片界面诱发了更负的N2 波，即上文本—下图片界面吸引了更多的用户注意力，占用了用户更多的注意资源。然而，手机新闻 APP 首页界面的颜色特征没有诱发 ERP 成分的差异。因此，被试会自动无意识地对界面中的信息进行选择性注意，被试注意到手机新闻 APP 首页界面的布局差异，而忽略界面的颜色差异。

4. 手机新闻 APP 交互体验阶段用户的视觉认知特性分析结果表明，与用户交互体验低的手机新闻 APP 相比，用户交互体验高的手机新闻 APP 首页界面表现出更少的注视次数、注视时间比率、驻留时间比率和注视时间，行为数据结果进一步佐证了上述结果，即用户交互体验低的手机新闻 APP 的首页界面任务完成时间更长。用户交互体验高的新闻详情页界面，由于布局清晰、合理、广告少，界面的美学和可用性水平较高，被试无须花费更多的时间对新闻内容进行提取和加工，故用户交互体验高的手机新闻 APP 新闻详情页界面表现出更短的平均注视持续时间。另外，用户交互体验高的新闻 APP 新闻分享页界面表现出更大的注视次数、注视时间比率、驻留时间比率和注视时间，即与新闻分享页界面的灰色图标相比，用户对新闻分享页界面彩色图标的关注更多。

5. 手机新闻 APP 交互体验阶段用户的脑认知特性分析结果表明，与用户交互体验低的手机新闻 APP 相比，用户交互体验高的手机新闻 APP 在枕区的 α 波和 δ 波相对能量值更大，在枕区的 β 波相对能量值更小，在额区、中央区和顶区的 θ 波相对能量值更大。由此可知，各节律波的相对能量值可以反映手机新闻 APP 用户交互体验的差异。具体地，与用户交互体验高的手机新闻 APP 相比，用户交互体验低的手机新闻 APP 的首页界面布局混乱、无序、视觉美观性差，且存在弹出广告，会诱发用户的不愉悦情感；用户交互体验低的新闻 APP 的新闻详情页界面由于字体倾斜、带下画线且颜色为不易辨认的灰色，这就导致用户在完成新闻阅读任务时，对新闻文字的辨认过程需要分配更多的注意力资源，加之新闻详情页页面底部的广告较多，使用户产生焦虑、厌烦的心理。另外，用户交互体验低的手机新闻 APP 的界面反馈性较差，某些功能的点击反馈较慢，出现迟钝、卡顿等现象，造成用户过长的等待时间，因此，被试在用户交互体验低的手机新闻 APP 完成任务时的 β 波节律活动更强，α 波、θ 波和 δ 波节律活动更弱。

6. 手机新闻 APP 用户持续使用意愿影响因素研究结果表明，用户体验的两个阶段即感官体验阶段和交互体验阶段对用户的情感、满意度和持续使用行为存在影响。具体来说，美学形式设计水平越高，美学吸引力设计水平就越高，感知交互性和感知可用性越好。感知交互性对感知可用性存在正向影响，即界面的感知交互性设计越好，用户感知的可用性水平越高。另外，美学形式设计、美学吸引力设计和感知交互性对愉悦度、唤醒度存在正向影响，感知可用性、愉悦度和唤醒度对满意度存在正向影响，满意度对用户持续使用意愿存在正向影响。由此可见，用户体验的两个阶段不是独立的，而是彼此之间存在相互影响关系的。鉴于感官体验和交互体验对用户后续使用行为的重要影响，因此，在手机 APP 设计开发阶段，既要充分考虑首页界面的视觉美学设计带来的感官体验，又要考虑与 APP 交互操作时的交互体验。

二、主要贡献

本书深入地研究了用户体验过程中用户的生理变化、心理感受以及行为特点，分别对手机新闻 APP 的感官体验和交互体验的用户认知及行为特性进行分析，并探讨用户的感官体验及交互体验对其持续使用行为的影响，主要贡献如下：

1. 揭示了感官体验阶段用户浏览手机新闻 APP 首页界面和搜索界面的视觉浏览及视觉搜索特性，研究成果有助于手机应用程序设计人员进行手机 APP 尤其是图文布局类手机 APP 的界面设计，当前研究的发现不仅丰富了移动应用程序界面视觉设计的相关研究，而且为用户的视觉认知行为提供了新的发现。

2. 揭示了感官体验阶段用户对手机新闻 APP 首页界面的神经反应，研究结果表明用户可以对手机新闻 APP 首页界面进行自动地、无意识地评价，在移动界面开发阶段，该研究成果可以帮助手机新闻应用程序开发设计人员比较出不同原型界面的设计优劣程度，而且能够为用户脑认知特性的探索与分析提供参考。

3. 针对交互体验阶段用户的视觉认知特性和脑认知特性进行的研究，分析和总结了手机新闻 APP 交互界面的关键设计要素，系统地研究了用户与手机新闻 APP 进行交互过程中用户的眼动行为和大脑变化。研究结果有助于了解用户在手机新闻 APP 交互过程中的专注点或困惑点，也为手机新闻 APP 首页界面、详情页界面及分享页界面的更好设计提供了建议。

4. 提出了手机新闻 APP 用户持续使用意愿的影响因素模型，分析了感官体验和交互体验对用户情感、满意度及持续使用行为的影响，研究成果有助于更好理解用户体验产品过程中用户的感官体验、交互体验及用户持续使用行为的动态变化过程，清晰地梳理了用户体验中两个阶段之间的相互影响关系，为用户体验的提升提供了参考。

三、研究局限

与已有研究相比，本书虽然取得了一定的研究成果，但也存在一定的局限性，主要表现在如下四个方面：

1. 除第七章调研对象外，本书中其他实验选取的实验被试均为在校大学生，没有综合考虑使用手机新闻 APP 的其他受众，虽然 2016 年中国互联网新闻市场研究报告显示，新闻资讯网民主要以 34 岁以下的年轻群体为主，但是具有不同文化背景、职业背景的用户群体对手机新闻 APP 的用户体验实际上是存在差异的。另外，本书研究的样本量有限，研究成果的应用范围在一定程度上存在局限性。

2. 在感官体验和交互体验阶段用户对于手机新闻 APP 视觉认知特性和脑认知特性的研究中，只考虑了界面图文布局和颜色两个设计要素，而手机新闻 APP 界面的设计要素还有很多，比如字体、字号、图片大小及视频等，本书中均未考虑，实际上这些设计要素可能在一定程度上对用户体验存在影响。

3. 随着移动互联网的迅猛发展，手机 APP 的数量激增，本书仅以手机新闻 APP 为研究对象，研究结论是否适用于其他类型的手机 APP 还有待于进一步深入研究与探讨，尤其是在纯文本、纯图片类的手机 APP 中的应用。

4.本书关于手机新闻 APP 感官体验及交互体验阶段的研究中，被试的眼动行为和脑电信号的记录均在坐姿情况下进行，未考虑被试站姿、站姿负重以及行走等不同情境对用户体验的影响。另外，外界环境因素如安静的环境、嘈杂的环境等也可能对手机 APP 的用户体验存在一定程度的影响。

四、对后续研究工作的建议

在已有相关文献的基础上，本书对手机新闻 APP 用户体验两个阶段进行了初步研究，分析了不同阶段的用户认知特性、行为特点，以及感官体验和交互体验对用户持续使用行为的影响。但是移动端用户体验研究是一个具有广阔探索空间的研究问题，需要在后续研究中对其进行深入挖掘与分析探讨。具体地，后续研究工作可以从如下几个方面开展：

1.后续研究可以考虑被试的人口统计特征，如被试的年龄、性别和文化差异等。通过对实验被试的详细分类，进一步探索某一特定群体对手机 APP 的视觉认知特性、脑认知特性以及持续使用行为。

2.由于影响手机 APP 用户体验的设计要素诸多，本书的设计要素及其水平的选取较少，尤其是交互体验阶段设计要素的选取，后续研究可以将其他设计要素对用户认知及使用行为意愿的影响纳入考虑范围，有助于应用程序开发人员设计出更符合用户认知和行为习惯的手机 APP。

3.本书中感官体验及交互体验阶段对于用户脑认知特性的分析主要依靠具有高时间分辨率、低空间分辨率的脑电技术，未来可以考虑进行溯源分析，深入了解用户在进行手机 APP 操作过程中大脑的认知变化。另外，对于手机新闻 APP 感官体验及交互体验阶段的用户认知特性的研究，也可以将心电、肌电、皮电等生理信号的采集纳入考虑和分析范围内，且后续研究可以考虑通过生理、心理、行为等多层面的数据采集对手机 APP 的用户使用行为意愿进行预测。

4. 本书的研究只考虑了安静环境下被试处于坐姿状态操作手机新闻 APP 的情况，后续研究可以考虑嘈杂环境、站姿等不同使用情景对用户体验的影响，更真实地模拟现实环境，以便更全面地了解手机 APP 的用户体验过程。

参考文献

［1］张忠培，魏少炜.5G 时代移动互联网发展展望［J］.数字通信世界，2018（11）：63-63.

［2］中国互联网络信息中心.第55次《中国互联网络发展状况统计报告》［EB/OL］. http://www.cnnic.net.cn/n4/2025/0117/c88-11229.html.

［3］DONALD A N.情感化设计［M］.付秋芳，程进三，译.北京：电子工业出版社，2005.

［4］佚名.2018 年度中国移动资讯分发平台市场研究报告［EB/OL］. http://www.bigdata-research.cn/content/201903/925.html.

［5］马俊华.新闻资讯类 APP 的用户体验研究［D］.长春：长春工业大学，2019.

［6］HENKE J, JOECKEL S, DOGRUEL L. Processing privacy information and decision-making for smartphone apps among young German smartphone users ［J］. Behaviour & information technology, 2018, 37（5）：488-501.

［7］HOEHLE H, ALJAFARI R, VENKATESH V. Leveraging Microsoft's mobile usability guidelines: Conceptualizing and developing scales for mobile application usability ［J］. International journal of human-computer studies, 2016, 89: 35-53.

［8］ CHO V, CHENG T E, LAI W J. The role of perceived user−interface design in continued usage intention of self−paced e−learning tools ［J］. Computers & education, 2009, 53（2）: 216−227.

［9］ HARTMANN J, SUTCLIFFE A, ANGELI A D. Towards a theory of user judgment of aesthetics and user interface quality ［J］. ACM transactions on computer−human Interaction （TOCHI）, 2008, 15（4）: 1−30.

［10］ TUCH A N, PRESSLABER E E, STÖCKLIN M, et al. The role of visual complexity and prototypicality regarding first impression of websites: Working towards understanding aesthetic judgments ［J］. International journal of human−computer studies, 2012, 70（11）: 794−811.

［11］ MYNATT C R, DOHERTY M E, TWENEY R D. Confirmation bias in a simulated research environment: An experimental study of scientific inference ［J］. Quarterly journal of experimental psychology, 1977, 29（1）: 85−95.

［12］ KIM H, FESENMAIER D R. Persuasive design of destination web sites: An analysis of first impression［J］. Journal of travel research, 2008, 47(1): 3−13.

［13］ 佚名. 2023 中国移动互联网年度大报告［EB/OL］. https://www.questmobile.com.cn/research/report/1752183696050458625.

［14］ 中国互联网络信息中心. 2016 年中国互联网新闻市场研究报 告［EB/OL］. http://www.cnnic.net.cn/hlwfzyj/hlwxzbg/mtbg/201701/P020170112309068736023.pdf.

［15］ LAW E L C, ROTO V, HASSENZAHL M, et al. Understanding, scoping and defining user experience: a survey approach ［C］// 27th Annual CHI Conference on Human Factors in Computing Systems, Boston MA, USA Apr. 04−09, 2009: 719−728.

［16］ FORLIZZI J, BATTARBEE K. Understanding experience in interactive systems ［C］// Proceedings of the 5th conference on Designing interactive systems: processes, practices, methods, and techniques, Cambridge MA,

USA, Aug. 01−04, 2004: 261−268.

［17］ ALBEN L. Quality of experience: defining the criteria for effective interaction design ［J］. interactions, 1996, 3（3）: 11−15.

［18］ DANIEL L. Understanding user experience ［J］. Web Techniques, 2000, 5（8）: 42−43.

［19］ MOHAMMED R A, FISHER R J, JAWORSKI B J, et al. Internet marketing: building advantage in the networked economy ［M］. New York: McGraw Hill Higher Education, 2002.

［20］ HASSENZAHL M: The thing and I: understanding the relationship between user and product ［M］. London: Springer, 2003.

［21］ HASSENZAHL M, TRACTINSKY N. User experience−a research agenda ［J］. Behaviour & information technology, 2006, 25（2）: 91−97.

［22］ LAW E L C, VAN S P. Modelling user experience−An agenda for research and practice ［J］. Interacting with computers, 2010, 22（5）: 313−322.

［23］ DIRIN A, LAINE T. User experience in mobile augmented reality: emotions, challenges, opportunities and best practice ［J］. Computers, 2018, 7（2）: 33.

［24］ ISO 9241−210:2019. Ergonomics of Human−system Interaction: Part 210: Human−centred Design for Interactive Systems ［S］. Switzerland: International organization for standardization（ISO）, 2019.

［25］ ROUSE W B. Design for success: A human−centered approach to designing successful products and systems ［M］. New York: Wiley−Interscience, 1991.

［26］ PREECE J, MALONEY K D. Online communities: focusing on sociability and usability ［J］. Handbook of human−computer interaction, 2003: 596−620.

［27］ GARRETT J J. The elements of user experience: user−centered design for the web and beyond ［M］. California: Pearson Education, 2010.

［28］ HARTSON R, PYLA P S. The UX Book: Process and guidelines for ensuring a quality user experience ［M］. California: Morgan Kaufmann Publishers Inc., 2012.

［29］ PARK J, HAN S H, KIM H K, et al. Modeling user experience: a case study on a mobile device ［J］. International journal of industrial ergonomics, 2013, 43（2）: 187–196.

［30］程安萍. 智能手机 UI 设计中用户体验的视觉体验研究［D］. 北京: 北京林业大学，2016.

［31］ MINGE M, THÜRING M. Hedonic and pragmatic halo effects at early stages of user experience ［J］. International journal of human–computer studies, 2018, 109: 13–25.

［32］ MORVILLE P. User experience design ［EB/OL］. http:// semanticstudios.com/user_experience_design/.

［33］ JORDAN P W, PERSSON S. Exploring users' product constructs: how people think about different types of product ［J］. CoDesign, 2007, 3（S1）: 97–106.

［34］ THÜRING M, MAHLKE S. Usability, aesthetics and emotions in human–technology interaction［J］. International journal of psychology, 2007, 42（4）: 253–264.

［35］ ZHOU F, JIAO R J. An improved user experience model with cumulative prospect theory ［J］. Procedia Computer Science, 2013, 16: 870–877.

［36］ RODDEN K, HUTCHINSON H, XIN F. Measuring the user experience on a large scale:user–centered metrics for web applications ［C］// Proceedings of the 28th International Conference on Human Factors in Computing Systems, CHI 2010, Atlanta, Georgia, USA, Apr. 10–15, 2010: 2395–2398.

［37］ LAUGWITZ B, HELD T, SCHREPP M. Construction and evaluation of a user experience questionnaire ［C］// USAB2008: HCI and Usability for Education and Work, Graz, Austria, Nov. 20-21, 2008, 5298: 63-76.

［38］ TONETTO L M, DESMET P M. Why we love or hate our cars: A qualitative approach to the development of a quantitative user experience survey ［J］. Applied ergonomics, 2016, 56: 68-74.

［39］ MINGE M, THÜRING M, WAGNER I. Developing and validating an English version of the meCUE questionnaire for measuring user experience ［J］. Proceedings of the Human Factors and Ergonomics Society Annual Meeting, 2016, 60 (1): 2063-2067.

［40］ HUSSAIN A, MKPOJIOGU E O, MUSA J A, et al. A user experience evaluation of amazon kindle mobile application ［C］// The 2nd International Conference on Applied Science and Technology, Kedah, Malaysia, Apr. 03-05, 2017, 1891 (1): 1-7.

［41］ HASSENZAHL M. Being and doing-a perspective on user experience and its measurement ［J］. Interfaces, 2007, 72: 10-12.

［42］ WANG Q, YANG S, LIU M, et al. An eye-tracking study of website complexity from cognitive load perspective ［J］. Decision support systems, 2014, 62: 1-10.

［43］ KHALIGHY S, GREEN G, SCHEEPERS C, et al. Quantifying the qualities of aesthetics in product design using eye-tracking technology ［J］. International journal of industrial ergonomics, 2015, 49: 31-43.

［44］ GUO F, DING Y, LIU W, et al. Can eye-tracking data be measured to assess product design?: Visual attention mechanism should be considered ［J］. International journal of industrial ergonomics, 2016, 53: 229-235.

［45］ PARASURAMAN R, RIZZO M. Neuroergonomics: The brain at work ［M］. Oxford: Oxford University Press, 2007.

［46］ 葛燕, 陈亚楠, 刘艳芳, 等. 电生理测量在用户体验中的应用 ［J］.

心理科学进展, 2014, 22（6）: 959-967.

［47］ MASAKI H, OHIRA M, UWANO H, et al. A quantitative evaluation on the software use experience with electroencephalogram ［C］// International Conference of Design, User Experience, and Usability, Florida, USA, Jul. 09-14, 2011: 469-477.

［48］ LI X, HU B, ZHU T, et al. Towards affective learning with an EEG feedback approach ［C］// Proceedings of the first ACM international workshop on Multimedia technologies for distance learning, Beijing, China, Oct. 23, 2009: 33-38.

［49］ OHME R, REYKOWSKA D, WIENER D, et al. Analysis of neurophysiological reactions to advertising stimuli by means of EEG and galvanic skin response measures ［J］. Journal of neuroscience, psychology, and economics, 2009, 2（1）: 21-31.

［50］ OHME R, MATUKIN M, SZCZURKO T. Neurophysiology uncovers secrets of TV commercials ［J］. Der markt, 2010, 49（3-4）: 133-142.

［51］ VICTORIA M K, ALBERTO L M, IVAN C, et al. Assessing the user experience of older adults using a neural network trained to recognize emotions from brain signals ［J］. Journal of biomedical informatics, 2016, 62: 202-209.

［52］ HSU W Y. An integrated-mental brainwave system for analyses and judgments of consumer preference ［J］. Telematics and informatics, 2017, 34（5）: 518-526.

［53］ CHAI J, GE Y, LIU Y, et al. Application of frontal EEG asymmetry to user experience research ［C］// International conference on engineering psychology and cognitive ergonomics, Heraklion, Crete, Greece, Jun. 22-27, 2014, 8532: 234-243.

［54］ STEVEN J L. 事件相关电位基础 ［M］. 范思陆, 译. 上海: 华东师范大学出版社, 2009.

［55］ 张宁宁, 王宏, 王剑. 基于 ERP 方法的白 / 黑色轿车诱发脑电分析

［J］. 汽车工程, 2010, 32（9）: 76-79.

［56］ 完颜笑如, 庄达民, 刘伟. 基于非任务相关 ERP 技术的飞行员脑力负荷评价方法［J］. 中国生物医学工程学报, 2011, 30（4）: 528-532.

［57］ MACNAMARA A, FERRI J, HAJACK G. Working memory load reduces the late positive potential and this effect is attenuated with increasing anxiety ［J］. Cognitive, affective, & behavioral neuroscience, 2011, 11（3）: 321-331.

［58］ BRITTON J C, TAYLOR S F, SUDHEIMER K D, et al. Facial expressions and complex IAPS pictures: common and differential networks ［J］. Neuroimage, 2006, 31（2）: 906-919.

［59］ CUTHBERT B N, SCHUPP H T, BRADLEY M M, et al. Brain potentials in affective picture processing: covariation with autonomic arousal and affective report ［J］. Biological psychology, 2000, 52（2）: 95-111.

［60］ ÖHMAN A, MINEKA S. Fears, phobias, and preparedness: toward an evolved module of fear and fear learning ［J］. Psychological review, 2001, 108（3）: 483-522.

［61］ CRAWFORD L E, CACIOPPO J T. Learning where to look for danger: Integrating affective and spatial information ［J］. Psychological science, 2002, 13（5）: 449-453.

［62］ DELPLANQUE S, LAVOIE M E, HOT P, et al. Modulation of cognitive processing by emotional valence studied through event-related potentials in humans ［J］. Neuroscience letters, 2004, 356（1）: 1-4.

［63］ HERBERT C, KISSLER J, JUNGHÖFER M, et al. Processing of emotional adjectives: Evidence from startle EMG and ERPs ［J］. Psychophysiology, 2006, 43（2）: 197-206.

［64］ OLOFSSON J K, NORDIN S, SEQUEIRA H, et al. Affective picture processing: an integrative review of ERP findings ［J］. Biological psychology, 2008, 77（3）: 247-265.

［65］ HANDY T C, SMILEK D, GEIGER L, et al. ERP evidence for rapid hedonic evaluation of logos ［J］. Journal of cognitive neuroscience, 2010, 22（1）: 124-138.

［66］ MÜLLER M, HÖFEL L, BRATTICO E, et al. Aesthetic judgments of music in experts and laypersons-An ERP study ［J］. International journal of psychophysiology, 2010, 76（1）: 40-51.

［67］ LI R, QIN R, ZHANG J, et al. The esthetic preference of Chinese typefaces-An event-related potential study ［J］. Brain research, 2015, 1598: 57-65.

［68］ DING Y, GUO F, ZHANG X, et al. Using event related potentials to identify a user's behavioural intention aroused by product form design ［J］. Applied ergonomics, 2016, 55: 117-123.

［69］ KIM N, KOO B, YOON J, et al. Understanding the formation of user's first impression on an interface design from a neurophysiological perspective-EEG pilot study ［C］// Proceedings of HCI Korea, Kangwon-do, South Korea, Jan. 27-29, 2016: 139-145.

［70］ WANG X, HUANG Y, MA Q, et al. Event-related potential P2 correlates of implicit aesthetic experience ［J］. Neuroreport, 2012, 23（14）: 862-866.

［71］ MA Q, HU L, WANG X. Emotion and novelty processing in an implicit aesthetic experience of architectures: evidence from an event-related potential study ［J］. Neuroreport, 2015, 26（5）: 279-284.

［72］ CHEN M, FADEL G, XUE C, et al. Evaluating the cognitive process of color affordance and attractiveness based on the ERP ［J］. International journal on interactive design and manufacturing, 2015, 11（3）: 471-479.

［73］廖厚东. 基于眼动实验的 IM 类手机 APP 用户体验研究［D］. 沈阳: 东北大学, 2015.

［74］董进.基于用户体验的移动阅读类 APP 界面设计与研究［D］.长春: 长春工业大学, 2016.

［75］杨海波, 汪洋, 张磊.电商手机 APP 界面背景和图片特征对消费者搜索效率影响的研究［J］.包装工程, 2016, 37（20）: 45-49.

［76］侯文军, 秦源.基于眼动浏览规律的手机典型界面结构研究［J］. 北京邮电大学学报（社会科学版）, 2014, 16（1）: 25-30.

［77］张晓宇.基于智能手机交互界面设计的用户体验研究［D］.西安: 西安工程大学, 2014.

［78］QIU M K, ZHANG K, HUANG M. An empirical study of web interface design on small display devices ［C］// IEEE/WIC/ACM International Conference on Web Intelligence, Beijing, China, Sep. 20-24, 2004: 29-35.

［79］YU N, KONG J. User experience with web browsing on small screens: Experimental investigations of mobile-page interface design and homepage design for news websites ［J］. Information sciences, 2016, 330: 427-443.

［80］LIU T P, WU X Y, PEI S, et al. Frameworks for Exploring the User Experience of Mobile Apps ［C］// International Conference on Sustainable Energy, Environment and Information Engineering, Bangkok, Thailand, Mar. 20-21, 2016: 307-312.

［81］李永锋, 徐育文.基于 QFD 的老年人智能手机 APP 用户界面设计研究［J］.包装工程, 2016, 37（14）: 95-99.

［82］PARK E, BAEK S, OHM J, et al. Determinants of player acceptance of mobile social network games: An application of extended technology acceptance model ［J］. Telematics and informatics, 2014, 31（1）: 3-15.

［83］赵延昇, 刘佳.用户对 APP 推送消息使用意愿影响因素分析［J］. 大连理工大学学报（社会科学版）, 2016（4）: 26-32.

［84］李武, 赵星.大学生社会化阅读 APP 持续使用意愿及发生机理研究［J］.中国图书馆学报, 2016（1）: 52-65.

［85］ 张伟伟. 基于 TAM 和 VAM 的智能手机用户对 APP 使用意愿研究 ［D］. 南宁：广西大学, 2014.

［86］ 刘琳. 天津财经大学大学生购物网站手机 APP 使用意愿影响因素研究 ［D］. 天津：天津财经大学, 2015.

［87］ TARUTE A, NIKOU S, GATAUTIS R. Mobile application driven consumer engagement ［J］. Telematics and informatics, 2017, 34（4）：145-156.

［88］ KANG J Y M, MUN J M, JOHNSON K K. In-store mobile usage: downloading and usage intention toward mobile location-based retail apps ［J］. Computers in human behavior, 2015, 46: 210-217.

［89］ NATARAJAN T, BALASUBRAMANIAN S A, KASILINGAM D L. Understanding the intention to use mobile shopping applications and its influence on price sensitivity ［J］. Journal of retailing and consumer services, 2017, 37: 8-22.

［90］ 梁昌裔, 杨金鑫, 邵帅, 等. 求职类 App 大学生用户持续使用意愿影响研究 ［J］. 商展经济, 2023（15）：116-119.

［91］ THORSON E, SHOENBERGER H, KARALIOVA T, et al. News use of mobile media: A contingency model ［J］. Mobile media & communication, 2015, 3（2）：160-178.

［92］ CHAN M. Examining the influences of news use patterns, motivations, and age cohort on mobile news use: The case of Hong Kong ［J］. Mobile media & communication, 2015, 3（2）：179-195.

［93］ SHIM H, YOU K H, LEE J K, et al. Why do people access news with mobile devices? Exploring the role of suitability perception and motives on mobile news use ［J］. Telematics and informatics, 2015, 32（1）：108-117.

［94］ SHARIFF S M, ZHANG X, SANDERSON M. On the credibility perception of news on Twitter: readers, topics and features ［J］. Computers in human behavior, 2017, 75: 785-796.

［95］ CHOI J. Why do people use news differently on SNSs? An investigation of the role of motivations, media repertoires, and technology cluster on citizens' news-related activities ［J］. Computers in human behavior, 2016, 54: 249-256.

［96］OELDORF-HIRSCH A, SUNDAR S S. Posting, commenting, and tagging: Effects of sharing news stories on Facebook ［J］. Computers in human behavior, 2015, 44: 240-249.

［97］CHUNG M. Not just numbers: The role of social media metrics in online news evaluations ［J］. Computers in human behavior, 2017, 75: 949-957.

［98］CHOI J, LEE J K, METZGAR E T. Investigating effects of social media news sharing on the relationship between network heterogeneity and political participation ［J］. Computers in human behavior, 2017, 75: 25-31.

［99］RUDAT A, BUDER J. Making retweeting social: The influence of content and context information on sharing news in Twitter ［J］. Computers in human behavior, 2015, 46: 75-84.

［100］Wu B, Shen H. Analyzing and predicting news popularity on Twitter［J］. International journal of information management, 2015, 35（6）: 702-711.

［101］Karnowski V, Kümpel A S, Leonhard L, et al. From incidental news exposure to news engagement. How perceptions of the news post and news usage patterns influence engagement with news articles encountered on Facebook ［J］. Computers in human behavior, 2017, 76: 42-50.

［102］Lee J K, Kim E. Incidental exposure to news: Predictors in the social media setting and effects on information gain online ［J］. Computers in human behavior, 2017, 75: 1008-1015.

［103］曾凡斌, 陈荷. 大学生使用移动新闻客户端的现状及影响因素研究——以暨南大学为例［J］. 安徽电气工程职业技术学院学报, 2017, 22（2）: 1-10.

［104］刘林沙, 付诗瑶. 大学生微媒体使用与互动行为研究——以上海大学生手机新闻客户端使用为例［J］. 西南交通大学学报（社会科学版）,

2016, 17（6）: 14–22.

［105］ 李华君, 张婉宁. 媒介融合背景下移动新闻客户端的发展——基于青年群体的使用与满足[J]. 北京理工大学学报(社会科学版), 2018, 20(1): 165–172.

［106］ WEI R, LO V H. News on the Move ［J］. Electronic news, 2015, 9（3）: 177–194.

［107］ CHAN–OLMSTED S, RIM H, ZERBA A. Mobile news adoption among young adults: Examining the roles of perceptions, news consumption, and media usage ［J］. Journalism & mass communication quarterly, 2013, 90（1）: 126–147.

［108］ 原薇, 杨海娟. 移动新闻客户端用户持续使用意愿影响因素实证研究［J］. 信息资源管理学报, 2017, 7（3）: 56–65.

［109］ 邹霞, 谢金文. 移动新闻用户满意度的影响因素研究——基于上海五所高校学生的调查［J］. 新闻大学, 2017（5）: 77–85.

［110］ 刘婷, 侯文军. 基于视觉行为的手机新闻 App 图文布局设计研究［J］. 北京邮电大学学报: 社会科学版, 2016（3）: 6–13.

［111］ 党君. 移动新闻客户端的用户体验分析［J］. 编辑之友, 2015, 9: 62–64.

［112］ WANG W C. Understanding user experience of news applications by Taxonomy of Experience （ToE）［J］. Behaviour & information technology, 2017, 36（11）: 1137–1147.

［113］ LUAN J, YAO Z, ZHAO F, et al. Search product and experience product online reviews: An eye–tracking study on consumers' review search behavior ［J］. Computers in human behavior, 2016, 65: 420–430.

［114］ HUGHES A, WILKENS T, WILDEMUTH B M, et al. Text or pictures? An eyetracking study of how people view digital video surrogates ［C］// Proceedings of the 2nd international conference on Image and video retrieval, Illinois,

USA, Jul. 24–25, 2003: 271–280.

［115］ DE TOMMASO M, PECORARO C, SARDARO M, et al. Influence of aesthetic perception on visual event–related potentials ［J］. Consciousness and cognition, 2008, 17（3）: 933–945.

［116］ RIGHI S, MECACCI L, VIGGIANO M P. Anxiety, cognitive self–evaluation and performance: ERP correlates ［J］. Journal of anxiety disorders, 2009, 23（8）: 1132–1138.

［117］ OZCELIK E, KARAKUS T, KURSUN E, et al. An eye–tracking study of how color coding affects multimedia learning ［J］. Computers & education, 2009, 53（2）: 445–453.

［118］ REUDERINK B, MÜHL C, POEL M. Valence, arousal and dominance in the EEG during game play ［J］. International journal of autonomous and adaptive communications systems, 2013, 6（1）: 45–62.

［119］ GUO F, LI M, HU M, et al. Distinguishing and quantifying the visual aesthetics of a product: An integrated approach of eye–tracking and EEG ［J］. International journal of industrial ergonomics, 2019, 71: 47–56.

［120］ LAVIE T, TRACTINSKY N. Assessing dimensions of perceived visual aesthetics of web sites ［J］. International journal of human–computer studies, 2004, 60（3）: 269–298.

［121］TRACTINSKY N, KATZ A S, IKAR D. What is beautiful is usable［J］. Interacting with computers, 2000, 13（2）: 127–145.

［122］ BHANDARI U, NEBEN T, CHANG K, et al. Effects of interface design factors on affective responses and quality evaluations in mobile applications［J］. Computers in human behavior, 2017, 72: 525–534.

［123］ LIU W, GUO F, YE G, et al. How homepage aesthetic design influences users' satisfaction: Evidence from China ［J］. Displays, 2016, 42: 25–35.

［124］ DAVIS F D. Perceived usefulness, perceived ease of use, and user acceptance of information technology ［J］. MIS quarterly, 1989: 319−340.

［125］ HSIAO C H, CHANG J J, TANG K Y. Exploring the influential factors in continuance usage of mobile social Apps: Satisfaction, habit, and customer value perspectives ［J］. Telematics and informatics, 2016, 33（2）: 342−355.

［126］ GAO L, WAECHTER K A, BAI X. Understanding consumers' continuance intention towards mobile purchase: A theoretical framework and empirical study−A case of China ［J］. Computers in human behavior, 2015, 53: 249−262.

［127］ XU C, PEAK D, PRYBUTOK V. A customer value, satisfaction, and loyalty perspective of mobile application recommendations ［J］. Decision support systems, 2015, 79: 171−183.

［128］ WANG Y J, MINOR M S, WEI J. Aesthetics and the online shopping environment: Understanding consumer responses ［J］. Journal of retailing, 2011, 87（1）: 46−58.

［129］ MERIKIVI J, TUUNAINEN V, NGUYEN D. What makes continued mobile gaming enjoyable? ［J］. Computers in human behavior, 2017, 68: 411−421.

［130］ SHARMA S K. Integrating cognitive antecedents into TAM to explain mobile banking behavioral intention: A SEM−neural network modeling ［J］. Information systems frontiers, 2017: 815−827.

［131］ NIKOU S A, ECONOMIDES A A. Mobile−Based sssessment: Integrating acceptance and motivational factors into a combined model of Self−Determination Theory and Technology Acceptance ［J］. Computers in human behavior, 2017, 68: 83−95.

［132］ MEHRABIAN A, RUSSELL J A. An approach to environmental psychology ［M］. Cambridge: The MIT Press, 1974.

［133］ CYR D, KINDRA G S, DASH S. Web site design, trust, satisfaction and e−loyalty: the Indian experience ［J］. Online information review, 2008, 32（6）: 773−790.

［134］ OWOSENI A, TWINOMURINZI H. Mobile apps usage and dynamic capabilities: A structural equation model of SMEs in Lagos, Nigeria ［J］. Telematics and informatics, 2018, 35（7）: 2067−2081.

［135］ TANG R, Oh K E. Mobile news information behavior of undergraduate and graduate students in the U.S.: An exploratory study ［C］// iConference 2017 Proceedings, Wuhan, China, Mar. 22−25, 2017: 340−347.

［136］ UMEZU N, TAKAHASHI E. Visualizing color term differences based on images from the web ［J］. Journal of computational design & engineering, 2017, 4（1）: 37−45.

［137］ TURATTO M, GALFANO G. Color, form and luminance capture attention in visual search ［J］. Vision research, 2000, 40（13）: 1639−1643.

［138］ ANDERSEN S K, MÜLLER M M, HILLYARD S A. Color−selective attention need not be mediated by spatial attention ［J］. Journal of vision, 2009, 9（6）: 1−7.

［139］ LEE T R, TANG D L, TSAI C M. Exploring color preference through eye tracking ［C］// Proceedings of the 10th Congress of the International Coloure Association （AIC Colour 05）, Granada, Spain, May 09−13, 2005: 333−336.

［140］ KALYUGA S, CHANDLER P, SWELLER J. Managing split−attention and redundancy in multimedia instruction ［J］. Applied cognitive psychology, 1999, 13（4）: 351−371.

［141］ 企鹅智酷, 2019 网民新闻消费偏好报告 ［EB/OL］. http:// www.199it.com /archives/862713.html.

［142］ SCOTT G G, HAND C J. Motivation determines Facebook viewing strategy: An eye movement analysis ［J］. Computers in human behavior, 2016, 56: 267-280.

［143］ DESMET P M, HEKKERT P. Framework of product experience ［J］. International journal of design, 2007, 1 （1）: 57-66.

［144］ 高雪. 基于用户体验的腾讯手机新闻客户端传播策略研究［D］. 锦州: 渤海大学, 2018.

［145］ NIELSEN J. Web 可用性设计［M］. 潇湘工作室, 译. 北京: 人民邮电出版社, 2000.

［146］ BORSCI S, KULJIS J, BARNETT J, et al. Beyond the user preferences: Aligning the prototype design to the users' expectations ［J］. Human factors and ergonomics in manufacturing & service industries, 2016, 26 （1）: 16-39.

［147］ LEE S, KOUBEK R J. Users' perceptions of usability and aesthetics as criteria of pre-and post-use preferences ［J］. European journal of industrial engineering, 2012, 6 （1）: 87-117.

［148］ TUCH A N, ROTH S P, HORNBAEK K, et al. Is beautiful really usable? Toward understanding the relation between usability, aesthetics, and affect in HCI ［J］. Computers in human behavior, 2012, 28 （5）: 1596-1607.

［149］ KENSINGER E A. Remembering emotional experiences: The contribution of valence and arousal［J］. Reviews in the neurosciences, 2004, 15(4): 241-252.

［150］韩玉昌. 眼动仪和眼动实验法的发展历程［J］. 心理科学, 2000(4): 454-457.

［151］ RENSHAW J, FINLAY J, Tyfa D, et al. Designing for visual influence: An eye tracking study of the usability of graphical management information ［J］. Human-computer interaction, 2003 （1）: 144-151.

［152］ JACOB R J, KARN K S. The mind's eye: Cognitive and applied aspects of eye movement research. ［J］. Berlin Heidelberg: Springer, 2003: 573-

605.

［153］JUST M A, CARPENTER P A. Eye fixations and cognitive processes ［J］. Cognitive psychology, 1976, 8（4）: 441-480.

［154］ZHOU X, GAO X, WANG J, et al. Eye tracking data guided feature selection for image classification ［J］. Pattern recognition, 2017（63）: 56-70.

［155］GERJETS P, KAMMERER Y, WERNER B. Measuring spontaneous and instructed evaluation processes during Web search: Integrating concurrent thinking-aloud protocols and eye-tracking data ［J］. Learning and instruction, 2011, 21（2）: 220-231.

［156］CUTRELL E, GUAN Z. What are you looking for?: an eye-tracking study of information usage in web search ［C］// Proceedings of the SIGCHI conference on Human factors in computing systems（CHI'07）, San Jose, California, USA, Apr. 28-May 3, 2007: 407-416.

［157］PARK H, LEE S, LEE M, et al. Using eye movement data to infer human behavioral intentions ［J］. Computers in human behavior, 2016, 63: 796-804.

［158］VU T M H, TU V P, Duerrschmid K. Design factors influence consumers' gazing behaviour and decision time in an eye-tracking test: A study on food images ［J］. Food quality and preference, 2016, 47: 130-138.

［159］POOLE A, BALL L J. Encyclopedia of human computer interaction［M］ Hershey: IGI Global, 2005: 211-219.

［160］VILA J, GOMEZ Y. Extracting business information from graphs: An eye tracking experiment ［J］. Journal of business research, 2016, 69（5）: 1741-1746.

［161］SHARAFI Z, SOH Z, GUÉHÉNEUC Y G. A systematic literature review on the usage of eye-tracking in software engineering ［J］. Information and software technology, 2015, 67: 79-107.

［162］ WOOK C S, CHANG L K. Exploring the effect of the human brand on consumers' decision quality in online shopping: An eye-tracking approach ［J］. Online information Review, 2013, 37（1）: 83-100.

［163］ GOLDBERG J H, KOTVAL X P. Computer interface evaluation using eye movements: methods and constructs ［J］. International journal of industrial ergonomics, 1999, 24（6）: 631-645.

［164］ EHMKE C, WILSON S. Identifying web usability problems from eye-tracking data ［C］// Proceedings of the 21st British HCI Group Annual Conference on People and Computers: HCI, Lancaster, United Kingdom, Sep. 03-07, 2007（1）: 119-128.

［165］ 闫国利, 白学军. 眼动研究心理学导论: 揭开心灵之窗奥秘的神奇科学［M］. 北京: 科学出版社, 2012.

［166］ ONORATI F, BARBIERI R, MAURI M, et al. Characterization of affective states by pupillary dynamics and autonomic correlates ［J］. Frontiers in neuroengineering, 2013, 6: 9.

［167］ HOEKS B, LEVELT W J. Pupillary dilation as a measure of attention: A quantitative system analysis ［J］. Behavior research methods, instruments, & computers, 1993, 25（1）: 16-26.

［168］ PARTALA T, SURAKKA V. Pupil size variation as an indication of affective processing ［J］. International journal of human-computer studies, 2003, 59（1-2）: 185-198.

［169］ HESS E H, SELTZER A L, SHLIEN J M. Pupil response of hetero- and homosexual males to pictures of men and women: A pilot study ［J］. Journal of abnormal psychology, 1965, 70（3）: 165-168.

［170］ DAVIDSON R. Frontal Versus Perietal EEG Asymmetry during Positive and Negative Affect ［J］. Psychophysiology, 1979, 16（2）: 202-203.

［171］ SUTTON S K, DAVIDSON R J. Prefrontal brain asymmetry:

A biological substrate of the behavioral approach and inhibition systems ［J］. Psychological science, 1997, 8（3）: 204−210.

［172］PARK M K, WATANUKI S. Electroencephalographic responses and subjective evaluation on unpleasantness induced by sanitary napkins ［J］. Journal of physiological anthropology and applied human science, 2005, 24（1）: 67−71.

［173］BOROD J C, CICERO B A, OBLER L K, et al. Right hemisphere emotional perception: evidence across multiple channels ［J］. Neuropsychology, 1998, 12（3）: 446−458.

［174］KILLGORE W D, YURGELUN−TODD D A. The right− hemisphere and valence hypotheses: could they both be right（and sometimes left）? ［J］. Social cognitive and affective neuroscience, 2007, 2（3）: 240−250.

［175］THOMAS N A, WIGNALL S J, LOETSCHER T, et al. Searching the expressive face: Evidence for both the right hemisphere and valence−specific hypotheses ［J］. Emotion, 2014, 14（5）: 962−977.

［176］SUBHA D P, JOSEPH P K, ACHARYA R, et al. EEG signal analysis: a survey ［J］. Journal of medical systems, 2010, 34（2）: 195−212.

［177］LUCK S J. An introduction to the event−related potential technique ［M］. Cambridge: The MIT press, 2014.

［178］TZAFILKOU K, PROTOGEROS N. Diagnosing user perception and acceptance using eye tracking in web−based end−user development ［J］. Computers in human behavior, 2017, 72: 23−37.

［179］WANG J, ANTONENKO P, CELEPKOLU M, et al. Exploring relationships between eye tracking and traditional usability testing data ［J］. International journal of human−computer interaction, 2019（3）: 1−12.

［180］KURZHALS K, HLAWATSCH M, SEEGER C, et al. Visual analytics for mobile eye tracking ［J］. IEEE transactions on visualization and computer graphics, 2017, 23（1）: 301−310.

［181］GIDLOF K, ANIKIN A, LINGONBLAD M, et al. Looking is buying. How visual attention and choice are affected by consumer preferences and properties of the supermarket shelf ［J］. Appetite, 2017, 116: 29–38.

［182］HERTEN N, OTTO T, WOLF O T. The role of eye fixation in memory enhancement under stress–An eye tracking study ［J］. Neurobiology of learning and memory, 2017, 140: 134–144.

［183］SCHÜLER A. Investigating gaze behavior during processing of inconsistent text–picture information: Evidence for text–picture integration ［J］. Learning and instruction, 2017, 49: 218–231.

［184］程时伟，孙凌云. 眼动数据可视化综述［J］. 计算机辅助设计与图形学学报, 2014, 26（5）: 698–707.

［185］STRUCKMANN S, KARNOWSKI V. News consumption in a changing media ecology: An MESM–study on mobile news ［J］. Telematics and informatics, 2016, 33（2）: 309–319.

［186］THEEUWES J. Top–down and bottom–up control of visual selection ［J］. Acta psychologica, 2010, 135（2）: 77–99.

［187］LUCK S J, VOGEL E K. The capacity of visual working memory for features and conjunctions ［J］. Nature, 1997, 390（6657）: 279–281.

［188］SWELLER J. Cognitive load during problem solving: Effects on learning ［J］. Cognitive science, 1988, 12（2）: 257–285.

［189］LIU W, LIANG X, LIU F. The effect of webpage complexity and banner animation on banner effectiveness in a free browsing task ［J］. International journal of human–computer interaction, 2019, 35（13）: 1192–1202.

［190］PIETERS R, WEDEL M. Attention capture and transfer in advertising: Brand, pictorial, and text–size effects ［J］. Journal of marketing, 2004, 68（2）: 36–50.

［191］YANTIS S, EGETH H E. On the distinction between visual salience and stimulus−driven attentional capture ［J］. Journal of experimental psychology: human perception and performance, 1999, 25（3）: 661−676.

［192］ JAKOB N. F−shaped pattern for reading web content ［DB/OL］. http: //www.useit.com/ alertbox/reading−pattern.html.

［193］ SHRESTHA S, OWENS J, CHAPARRO B S. Eye movements on a single−column and double−column text web page ［J］. 2008, 52（19）: 1599−1603.

［194］ WASTLUND E, SHAMS P, OTTERBRING T. Unsold is unseen ... or is it? Examining the role of peripheral vision in the consumer choice process using eye−tracking methodology ［J］. Appetite, 2018, 120: 49−56.

［195］ WANG C Y, TSAI M J, TSAI C C. Multimedia recipe reading: Predicting learning outcomes and diagnosing cooking interest using eye−tracking measures ［J］. Computers in human behavior, 2016, 62: 9−18.

［196］ JONES G. Testing two cognitive theories of insight ［J］. Journal of experimental psychology: learning, memory, and cognition, 2003, 29（5）: 1017−1027.

［197］ ALNANIH R, ORMANDJIEVA O. Mapping hci principles to design quality of mobile user interfaces in healthcare applications ［J］. Procedia computer science, 2016, 94: 75−82.

［198］ HERNÁNDEZ−MÉNDEZ J, MUNOZ−LEIVA F. What type of online advertising is most effective for eTourism 2.0? An eye tracking study based on the characteristics of tourists ［J］. Computers in human behavior, 2015, 50: 618−625.

［199］ LI Q, HUANG Z, CHRISTIANSON K. Visual attention toward tourism photographs with text: An eye−tracking study ［J］. Tourism management, 2016, 54: 243−258.

［200］ RAYNER K, ROTELLO C M, STEWART A J, et al. Integrating text and pictorial information: eye movements when looking at print advertisements ［J］. Journal of experimental psychology: applied, 2001, 7（3）: 219－226.

［201］ CACIOPPO J T, CRITES J S L, BERNTSON G G, et al. If attitudes affect how stimuli are processed, should they not affect the event－related brain potential?［J］. Psychological science, 1993, 4（2）: 108－112.

［202］ UNAL P, TEMIZEL T T, EREN P E. What installed mobile applications tell about their owners and how they affect users' download behavior［J］. Telematics and informatics, 2017, 34（7）: 1153－1165.

［203］ HEW J J. Hall of fame for mobile commerce and its applications: A bibliometric evaluation of a decade and a half（2000－2015）［J］. Telematics and informatics, 2017, 34（1）: 43－66.

［204］ PICTON T, BENTIN S, BERG P, et al. Guidelines for using human event－related potentials to study cognition: recording standards and publication criteria［J］. Psychophysiology, 2000, 37（2）: 127－152.

［205］ HUANG Y F, KUO F Y, LUU P, et al. Hedonic evaluation can be automatically performed: An electroencephalography study of website impression across two cultures［J］. Computers in human behavior, 2015, 49: 138－146.

［206］ CARRETIÉ L, HINOJOSA J A, MARTÍN－LOECHES M, et al. Automatic attention to emotional stimuli: neural correlates［J］. Human brain mapping, 2004, 22（4）: 290－299.

［207］ CANO M E, CLASS Q A, POLICH J. Affective valence, stimulus attributes, and P300: color vs. black/white and normal vs. scrambled images［J］. International Journal of Psychophysiology, 2009, 71（1）: 17－24.

［208］ BRADLEY M M, HAMBY S, LÖW A, et al. Brain potentials in perception: picture complexity and emotional arousal［J］. Psychophysiology, 2007, 44（3）: 364－373.

［209］ CODISPOTI M, FERRARI V, DE C A, et al. Implicit and explicit categorization of natural scenes［J］. Progress in brain research, 2006, 156: 53−65.

［210］ KAYA N, EPPS H H. Relationship between color and emotion: A study of college students［J］. College student journal, 2004, 38（3）: 396−405.

［211］ HOLMES A, FRANKLIN A, CLIFFORD A, et al. Neurophysiological evidence for categorical perception of color［J］. Brain and cognition, 2009, 69（2）: 426−434.

［212］ FENG C, LI W, TIAN T, et al. Arousal modulates valence effects on both early and late stages of affective picture processing in a passive viewing task［J］. Social neuroscience, 2014, 9（4）: 364−377.

［213］ LUCK S J, WOODMAN G F, VOGEL E K. Event−related potential studies of attention［J］. Trends in cognitive sciences, 2000, 4（11）: 432−440.

［214］ ANLLO−VENTO L, HILLYARD S A. Selective attention to the color and direction of moving stimuli: electrophysiological correlates of hierarchical feature selection［J］. Perception & psychophysics, 1996, 58（2）: 191−206.

［215］ HOPF J M, MANGUN G R. Shifting visual attention in space: an electrophysiological analysis using high spatial resolution mapping［J］. Clinical neurophysiology, 2000, 111（7）: 1241−1257.

［216］ ELSE J E, ELLIS J, ORME E. Art expertise modulates the emotional response to modern art, especially abstract: an ERP investigation［J］. Frontiers in human neuroscience, 2015, 9: 525.

［217］ CARRETIÉ L, HINOJOSA J A, MERCADO F. Cerebral patterns of attentional habituation to emotional visual stimuli［J］. Psychophysiology, 2003, 40（3）: 381−388.

［218］ WEINBERG A, HAJCAK G. Beyond good and evil: The time−course of neural activity elicited by specific picture content［J］. Emotion, 2010, 10（6）: 767−782.

［219］ AHERN G L, SCHWARTZ G E. Differential lateralization for positive versus negative emotion ［J］. Neuropsychologia, 1979, 17（6）: 693–698.

［220］ HAGEMANN D, HEWIG J, NAUMANN E, et al. Resting brain asymmetry and affective reactivity: Aggregated data support the right–hemisphere hypothesis ［J］. Journal of individual differences, 2005, 26（3）: 139–154.

［221］ SCHUPP H T, STOCKBURGER J, CODISPOTI M, et al. Stimulus novelty and emotion perception: the near absence of habituation in the visual cortex ［J］. Neuroreport, 2006, 17（4）: 365–369.

［222］ FORSTER S E, CARTER C S, COHEN J D, et al. Parametric manipulation of the conflict signal and control–state adaptation ［J］. Journal of cognitive neuroscience, 2011, 23（4）: 923–935.

［223］ CODISPOTI M, FERRARI V, BRADLEY M M. Repetitive picture processing: autonomic and cortical correlates ［J］. Brain research, 2006, 1068（1）: 213–220.

［224］ ROZENKRANTS B, POLICH J. Affective ERP processing in a visual oddball task: arousal, valence, and gender ［J］. Clinical neurophysiology, 2008, 119（10）: 2260–2265.

［225］ LU Y, JAQUESS K J, HATIFIELD B D, et al. Valence and arousal of emotional stimuli impact cognitive–motor performance in an oddball task ［J］. Biological psychollogy, 2017, 125: 105–114.

［226］ PALOMBA D, ANGRILLI A, MININ A. Visual evoked potentials, heart rate responses and memory to emotional pictorial stimuli ［J］. International journal of psychophysiology, 1997, 27（1）: 55–67.

［227］ LITHARI C, FRANTZIDIS C, PAPADELIS C, et al. Are females more responsive to emotional stimuli? A neurophysiological study across arousal and valence dimensions ［J］. Brain topography, 2010, 23（1）: 27–40.

［228］ WOJDYNSKI B W, BANG H. Distraction effects of contextual advertising on online news processing: an eye–tracking study ［J］. Behaviour &

information technology, 2016, 35（8）: 654-664.

［229］汪海波, 薛澄岐, 朱玉婷, 等. 多点触控手势在复杂系统数字界面中的应用优势［J］. 东南大学学报（自然科学版）, 2016, 46（5）: 1002-1006.

［230］张晶, 周仁来. 额叶 EEG 偏侧化: 情绪调节能力的指标［J］. 心理科学进展, 2010（11）: 1679-1683.

［231］HANNESDÓTTIR D K, DOXIE J, BELL M A, et al. A longitudinal study of emotion regulation and anxiety in middle childhood: Associations with frontal EEG asymmetry in early childhood［J］. Developmental psychobiology: The journal of the international society for developmental psychobiology, 2010, 52（2）: 197-204.

［232］袁海云. 基于脑电信号的情绪分类研究［D］. 南京: 南京师范大学, 2014.

［233］FRIES P, REYNOLDS J H, RORIE A E, et al. Modulation of oscillatory neuronal synchronization by selective visual attention［J］. Science, 2001, 291（5508）: 1560-1563.

［234］TALLON-BAUDRY C, BERTRAND O. Oscillatory gamma activity in humans and its role in object representation［J］. Trends in cognitive sciences, 1999, 3（4）: 151-162.

［235］SAMMLER D, GRIGUTSCH M, FRITZ T, et al. Music and emotion: electrophysiological correlates of the processing of pleasant and unpleasant music［J］. Psychophysiology, 2007, 44（2）: 293-304.

［236］BEKKEDAL M Y, ROSSI I J, PANKSEPP J. Human brain EEG indices of emotions: delineating responses to affective vocalizations by measuring frontal theta event-related synchronization［J］. Neuroscience & biobehavioral reviews, 2011, 35（9）: 1959-1970.

［237］ATRANAS L, GOLOCHEIKINE S. Human anterior and frontal midline theta and lower alpha reflect emotionally positive state and internalized attention: high-resolution EEG investigation of meditation ［J］. Neuroscience letters, 2001, 310（1）: 57-60.

［238］ KIM A J, JOHNSON K K. Power of consumers using social media: Examining the influences of brand-related user-generated content on Facebook ［J］. Computers in human behavior, 2016, 58: 98-108.

［239］ GAO L, BAI X. Online consumer behaviour and its relationship to website atmospheric induced flow: Insights into online travel agencies in China ［J］. Journal of retailing and consumer services, 2014, 21（4）: 653-665.

［240］ CHANG S H, CHIH W H, LIOU D K, et al. The influence of web aesthetics on customers＇ PAD ［J］. Computers in human behavior, 2014, 36: 168-178.

［241］ JAI T M C, BURNS L D, KING N J. The effect of behavioral tracking practices on consumers＇ shopping evaluations and repurchase intention toward trusted online retailers ［J］. Computers in human behavior, 2013, 29（3）: 901-909.

［242］ KOO W, CHO E, KIM Y K. Actual and ideal self-congruity affecting consumers＇ emotional and behavioral responses toward an online store ［J］. Computers in human behavior, 2014, 36: 147-153.

［243］ HUANG L T. Flow and social capital theory in online impulse buying ［J］. Journal of business research, 2016, 69（6）: 2277-2283.

［244］ XIANG L, ZHENG X, LEE M K, et al. Exploring consumers＇ impulse buying behavior on social commerce platform: The role of parasocial interaction ［J］. International journal of information management, 2016, 36（3）: 333-347.

［245］ SCHENKMAN B N, JÖNSSON F U. Aesthetics and preferences of web pages ［J］. Behaviour & information technology, 2000, 19（5）: 367-377.

［246］ VAN D H H. Factors influencing the usage of websites: the case of a generic portal in The Netherlands〔J〕. Information & management, 2003, 40（6）: 541-549.

〔247〕 BRUNNER-SPERDIN A, SCHOLL-GRISSEMANN U S, Stokburger-Sauer N E. The relevance of holistic website perception. How sense-making and exploration cues guide consumers' emotions and behaviors〔J〕. Journal of business research, 2014, 67（12）: 2515-2522.

〔248〕 LANG P J, GREENWALD M K, BRADLEY M M, et al. Looking at pictures: Affective, facial, visceral, and behavioral reactions〔J〕. Psychophysiology, 1993, 30（3）: 261-273.

〔249〕 DAVIS L, WANG S, LINDRIDGE A. Culture influences on emotional responses to on-line store atmospheric cues〔J〕. Journal of business research, 2008, 61（8）: 806-812.

〔250〕 HA Y, LENNON S J. Online visual merchandising（VMD）cues and consumer pleasure and arousal: purchasing versus browsing situation〔J〕. Psychology & marketing, 2010, 27（2）: 141-165.

〔251〕 HOLLAND J, BAKER S M. Customer participation in creating site brand loyalty〔J〕. Journal of interactive marketing, 2001, 15（4）: 34-45.

〔252〕 BHATTACHERJEE A. Understanding information systems continuance: an expectation-confirmation model〔J〕. MIS quarterly, 2001: 351-370.

〔253〕 THAKUR R. Understanding customer engagement and loyalty: a case of mobile devices for shopping〔J〕. Journal of retailing and consumer services, 2016, 32: 151-163.

〔254〕吴明隆. 结构方程模型: AMOS 的操作与应用〔M〕. 重庆: 重庆大学出版社, 2009.

〔255〕BENTLER P M, CHOU C P. Practical issues in structural modeling〔J〕. Sociological methods & research, 1987, 16（1）: 78-117.

［256］黄芳铭.结构方程模式：理论与应用［M］.北京：中国税务出版社,2005.

［257］KLINE R B. Principles and practice of structural equation modeling［M］. New York: Guilford publications, 2015.

［258］HAIR J F, BLACK W C, BABIN B J, et al. Multivariate data analysis: Pearson new international edition［M］. California: Pearson, 2013.

［259］BOLLEN K A, LONG J S. Testing structural equation models［M］. Los Angeles: Sage, 1993.

［260］HU L T, BENTLER P M. Cutoff criteria for fit indexes in covariance structure analysis: Conventional criteria versus new alternatives［J］. Structural equation modeling: a multidisciplinary journal, 1999, 6（1）: 1–55.

［261］CHOI J H, LEE H J. Facets of simplicity for the smartphone interface: A structural model［J］. International journal of human–computer studies, 2012, 70（2）: 129–142.

［262］BENTLER P M. EQS structural equations program manual［M］. California: Multivariate software, 1995.

［263］NUNNALLY J C. Psychometric Theory: 2d Ed［M］. New York: McGraw–Hill, 1978.

［264］BAGOZZI R P, YI Y. On the evaluation of structural equation models［J］. Journal of the academy of marketing science, 1988, 16（1）: 74–94.

［265］SONG P, ZHANG C, ZHANG P. Online information product design: The influence of product integration on brand extension［J］. Decision support systems, 2013, 54（2）: 826–837.

［266］ANDERSON J C, GERBING D W. Structural equation modeling in practice: A review and recommended two–step approach［J］. Psychological bulletin, 1988, 103（3）: 411–423.

［267］NUNNALLY J C. BERNSTEIN I H. Psychometric theory［M］.

New York, 1994.

[268] FORNELL C, LARCKER D F. Evaluating structural equation models with unobservable variables and measurement error ［ J ］ . Journal of marketing research, 1981, 18 （ 1 ） : 39−50.

后 记

首先感谢我的指导教师郭伏教授，她认真、严谨的工作态度和豁达的生活态度使得我在学术研究中受益匪浅。另外，还要感谢东北大学及我的朋友在本书撰写过程中给予的意见和建议。同时，本书得到辽宁省社会科学规划基金办公室的资助。

本书的研究成果能够为手机新闻 APP 界面视觉设计及交互设计提供重要的参考和指导，也有助于揭示用户使用行为的影响机制，还能够为其他类型的手机 APP 设计及开发提供借鉴和思路。本书中用户体验不同阶段的心理、生理及行为特点等数据的获取方法，能够为用户个性化推荐及用户信息的获取提供坚实的理论基础。

本书内容属探索性研究成果，由于作者能力及水平有限，书中诸多提法及叙述难免存在不妥及疏漏之处，恳请学术界同行及企业界相关人士给予批评和指正。在此，衷心感谢读者朋友们的关注和支持，希望本书能为您带来启发和帮助。

作 者

2024 年 3 月